现代矮化苹果整形修剪图解

XIANDAI AIHUA PINGGUO ZHENGXING XIUJIAN TUJIE

主编 朱 强

西北农林科技大学出版社
·杨凌·

图书在版编目（CIP）数据

现代矮化苹果整形修剪图解 / 朱强主编. -- 杨凌：
西北农林科技大学出版社, 2024.3
ISBN 978-7-5683-1406-0

Ⅰ. ①现… Ⅱ. ①朱… Ⅲ. ①苹果—修剪—图解
Ⅳ. ①S661.105-64

中国国家版本馆CIP数据核字(2024)第052327号

现代矮化苹果整形修剪图解
朱强 主编

出版发行 西北农林科技大学出版社
地　　址 陕西杨凌杨武路3号　　邮　编 712100
电　　话 总编室：029-87093195　　发行部：029-87093302
电子邮箱 press0809@163.com
印　　刷 陕西森奥印务有限公司
版　　次 2024年3月第1版
印　　次 2024年5月第1次印刷
开　　本 787 mm × 1092 mm　1/16
印　　张 11.25
字　　数 204千字

ISBN 978-7-5683-1406-0

定价：35.00元

本书如有印装质量问题，请与本社联系

《现代矮化苹果整形修剪图解》

编写人员名单

主　编

朱　强

副主编

杨海燕　景淑娟　王元基　孙鲁龙　高　华

赵建信　王　刚

参编人员

贾金娣　杨　芳　刘　刚　贺刘永　王小琴

杨　萍　权鹏军　张军娥　孙朝辉　陈玉玲

王　静　李　梁　张静娟　潘　熹　姚淑娟

前言

矮化苹果栽培是目前世界各地广泛采用的栽培方式。我国利用矮化砧木进行苹果栽培由来已久，第一次大面积栽培始于20世纪70年代末，由于当时栽培技术不成熟和灌溉设施条件缺乏等客观原因，这批矮化栽培苹果园在栽后十年左右即遭淘汰。

矮化苹果栽培在我国真正大面积发展，且综合配套技术相对成熟是从最近十年左右开始的，特别是在工商资本进入苹果产业，全面引进吸取欧美地区矮化苹果栽培技术之后，规模以上矮化果园在陕西渭北、山西西部、河南西部、甘肃陇东这些黄土高原苹果优生区进入了迅速扩张时期。上述地区百亩以上甚至千亩以上规模的现代矮化果园发展迅速。随着黄土高原地区苹果西进北扩发展的推进，以及矮化苹果结果早、品质优、单位面积产量高、树体矮小、适于密植、便于人工管理、适于机械化田间作业等优点的凸显，矮化苹果栽培成为果农普遍选择的栽培模式。这轮矮化苹果栽培的发展也被业界看成是我国苹果栽培模式的一次革命性变革，必将逐步改变我国长期以乔化密植为主的苹果栽培方式。

目前，我国苹果主产区推广的基本是矮化砧木，为M系自根砧和中间砧。栽培密度普遍实行4 m×2 m、4 m×1.5 m、4 m×1 m、3.5 m×1.5 m、3.5 m×1 m、3.5 m×0.8 m等多种形式，在树形构建上普遍采用自由纺锤形、细长纺锤形、高纺锤形和圆柱形等树型。矮化砧木的应用，使苹果栽植密度大幅提高。同时，这些矮化程度不同的砧木与不同品种所形成的砧穗组合，会使苹果树表现出不同的生长结果习性。加之不同砧木所适应的栽培和气候条件不同，便形成了不同于乔化栽培条件下的树形和整形修剪方法。

由于矮化苹果树在我国大面积栽培的历史较短，它具有不同于乔化苹果树的生长发育特点及整形修剪方法，较少被苹果栽培者所了解和掌握。因此，生产上大多对矮化树采用传统乔化树的整形修剪方法进行处理。有些果园连年较重修剪，导致树体营养生长过旺，结果期延迟；有些果园连年轻剪，且不及时进行更新复壮，导致初期结果早，结果多，使果树刚进入盛果期即变得衰弱；还有些果园在栽植后连续对主干延长头进行短截，不及时对抽生的过强竞争枝和轮生主枝进行疏除，而是采取强行拉枝的方法进行处理，以致形成“卡脖”现象，使主干延长头不能健壮生长，造成树体下强上弱。此外，一些果园由于树形与栽植密度不相匹配，导致果园郁闭或迟迟达不到预定树冠。凡此种种，皆因没有掌握矮化苹果树的生长发育特点和整形修剪方法所致。

1993 年，作者曾与原陕西果树研究所杨维兴先生和魏慧雪女士共同编译出版了由日本长野县农业综合实验站果树试验场栽培部部长宫川建一先生、研究员小池洋男先生、长野县农政部农业技术课专门技术员尾崎诚先生合著的《矮化苹果栽培技术》一书，此书以富士 /M26 的砧穗组合为主要对象，将修剪前后树形进行对照，简明扼要地分析介绍了苹果细纺锤形树在不同年龄时期的整形修剪方法和一些局部处理方法，以期给果农提供技术支持。然而如今三十年过去了，矮化苹果在整形修剪和生产方面依然存在很多问题，制约了现代矮化苹果生产的健康高效发展。

有鉴于此，作者决定以《矮化苹果整形修剪图解》为模式，以作者自 2018 年以来五年间在山西西部、河南西部、陕西北部和渭北、甘肃陇东、宁夏吴忠和中卫、新疆阿克苏和喀什等地三十多个县几百家规模以上矮化果园所看到的矮化苹果整形修剪的实际情况和存在问题，以及对陕西省白水县几处果园的连续系统观察总结，编写出这本《现代矮化苹果整形修剪图解》。

本书以目前生产上使用较多的细纺锤形和高纺锤形果园为具体案例，采用冬季修剪和生长季节不同阶段修剪反应的实拍图，以富士、瑞阳、瑞雪、瑞香红 /M26、M9-T337、青砧等砧穗组合为主要对象，用看图说话的方式，对果园不同年龄段或不同生长季节整形修剪现状进行分析评价并给出建议，以期更真实地呈现矮化苹果树栽植后树形构建最关键的前五年，细纺锤形、高纺锤形等主干型矮化苹果树整形修剪的基本方法，为矮化苹果栽培提供参考。

西北农林科技大学园艺学院赵政阳教授拨冗对书稿进行了审阅，西北农林科技大学白水苹果试验站冯智波、高仲仁、郭树祥和白水四季香农业科技有限公司段红民总经理和潘晓丽、赵建军、段星军等工作人员对本书的图片拍摄提供了帮助，西安咸恒农科集团公司对本书的出版提供了支持，在此谨致谢忱！

由于作者认知所限，素材收集不全面，谬误、疏漏在所难免，还望读者指正。

编　者

2023 年 8 月 26 日

CONTENTS 目录

富士苹果及其结果状

瑞香红苹果及其结果状

瑞雪苹果及其结果状

瑞阳苹果及其结果状

第一章
矮化苹果树整形修剪基本技术

第一节　矮化苹果树整形修剪的技术特点

一、矮化苹果树整形修剪的技术特点

（一）追求群体效益

由于矮化砧木对苹果树具有矮化作用，矮化苹果树相较于乔化树突出的表现是树体由大变小，由高变矮，栽植密度更大，由追求个体效益变为追求群体效益。

（二）树体结构简化，整形修剪简单易行

为适应密度变化的要求，矮化苹果树冠变小，各类枝的级次减少，主枝不再分层，枝干夹角变大，枝势开张斜向下垂，整形修剪变得简单易行。

（三）砧穗组合不同，修剪方法不同

受矮化砧木的控制，矮化苹果树与乔化苹果树的长势和生长结果习性截然不同，若按照乔化苹果树的修剪方法来修剪矮化苹果树，显然是不行的。不同砧穗组合矮化苹果树的生长结果习性是不同的，修剪方法也有一定差异。即便相同矮砧与不同品种组合，其表现也有明显差异。所以，在矮化苹果树修剪时，必须按照不同砧穗组合的特点采取相应的修剪方法。

（四）宜轻剪缓放，早果丰产

矮化苹果树整形修剪的主要特点是修剪量轻，尤其是幼树期。即对一年生枝一般尽量缓放不剪，只采取角度开张措施，这是矮化苹果早果丰产的关

键技术要求和重要保证。重剪会掩盖矮化砧木的不同特性，失去采用矮化砧木的意义，更重要的是它会延迟矮化苹果结果，使树体旺长而难以控制。

（五）要及时更新复壮

由于矮化苹果结果早，连续结果能力强，进入成年期也相应较早，加之主枝角度开张下垂，长势较弱。因此，相较于乔化树，需要提早对矮化树进行更新复壮。修剪措施要更精细，比如为了抬高衰弱主枝先端高度的缩剪和对衰老主枝的留桩剪截回缩等，促使主枝复壮和重新抽生健壮主枝成花结果，保障果园的持续优质稳产。

（六）方便进行夏季修剪

由于矮化苹果树体矮小，结构简单，因此，便于进行夏季修剪。这是矮化苹果整形修剪中重要且很有成效的一项修剪措施，它对调整树体空间结构和枝类营养及生长状况、促使枝类转化、成花结果都具有重要意义。

二、矮化苹果树形与栽植密度的关系

得益于矮化砧木的应用，矮化苹果树与乔化树相比较，具有树体显著变小，栽植密度大幅度提高，由追求单株效益转变为追求群体效益等特点。上述变化，特别是密度的变化，使矮化苹果的树形和结构呈现出以下特点：

（1）树冠因株距不同呈高矮不同的纺锤形或圆柱形，而树高随行距的变化而变化，所以株距一般控制在树高的 70%~80% 为宜；

（2）主干直立强健、各类枝的级次减少；

（3）主枝粗度降低，数量增加，分枝角度由倾斜向上变为平斜向下、由分层变为不分层；

（4）除主干外，没有永久性主枝。

可以看出，矮化苹果树的树形与栽植密度有着直接关系。目前很多规模以上矮化果园如采用（0.8~1.0）m × 3.5 m 的株行距，多选择高纺锤形树形；而采用（1.0~1.5）m × 4.0 m 的株行距，则选择细纺锤形或自由纺锤形。

纺锤形树形具有优越的个体结构、高效的群体构成、良好的通风条件和高光合效能的优点，极大地提高了果实的着色率和内在品质，在管理上也具有树形结构简化、整形容易、修剪量大幅减少、便于更新复壮、管理方便省工、适于高密度栽培和机械化作业等优点，故而在生产上被广泛采用。

三、与整形修剪有关的名词解释

（一）苹果枝芽生物学特性相关名词解释

1. 萌芽力和成枝力

一年生枝条上芽萌发能力的大小叫萌芽力，芽萌发后抽生长枝的能力叫成枝力。萌芽力和成枝力都强的树，形成的长枝多，树冠扩展快，易郁闭；萌芽力弱，成枝力强的树抽生长枝多，不易成花；萌芽力强，成枝力弱的树，抽生中、短枝多，一般结果早。比如富士品种，萌芽力和成枝力都强，易形成较多长枝，修剪时要以疏为主，少短截，幼树期以缓放为主。

2. 极性

苹果枝条顶端或垂直向上的芽萌发力强，抽生的新梢生长势也强，其下的侧芽或斜生、水平生长的芽则势力递减，这种现象称为枝芽的生长极性（图1–1），也称顶端优势。极性可分为两类：

（1）先端优势：凡是处于枝条先端的芽萌发力最强，新梢生长势最旺，其下各芽萌发力和生长势依次减弱的现象，称先端优势。这是由于先端芽内的生长激素对侧芽产生抑制作用，剪去顶芽，减少激素来源，可促进侧芽萌发，并增强其生长势。

（2）垂直优势：所有处于垂直向上位置的芽，其萌发力和长势都强的现象，称为垂直优势。这是由于根系吸收的水分养分有垂直向上输送的特性。

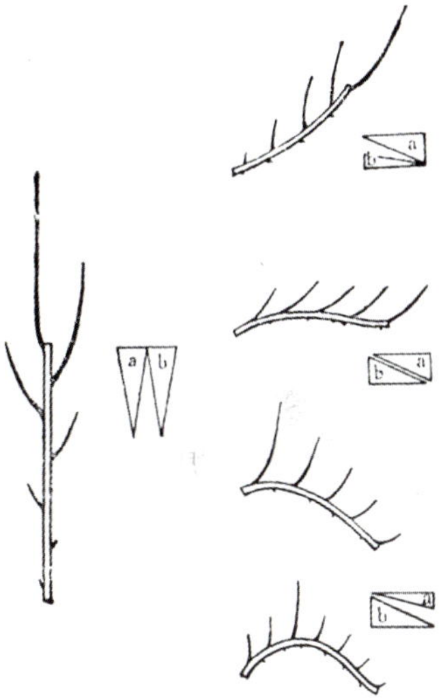

a 先端优势　b 垂直优势

图1–1　枝条生长的极性现象

图1–1是苹果枝芽极性现象的概括反映，正确利用这种特性，并采取相应管理措施，可以有效改变枝芽生长状态，达到促控枝芽生长势，保障果树生长结果动态平衡，提高生产效率的目的。

3. 芽的异质性

苹果树枝条上不同部位的芽，其萌发力和生长势表现有明显差异，这种现象称芽的异质性。这是由芽在成长发育过程中的内部营养状况和外部环境条件共同决定的。

根据枝条不同部位芽的表现，可分为饱满芽、半饱满芽、瘪芽和隐芽。通常，春梢中上部芽子为饱满芽，靠近春梢末端和秋梢中段的芽属半饱满芽，春梢基部和春秋梢交界处以上的芽比较弱，称为瘪芽；春秋梢交界和枝条与母枝着生处的轮痕处还存在一些隐芽，各类型芽在果树修剪中也具有不同的利用价值(图1–2)。

a 饱满芽　b 半饱满芽　c 瘪芽　d 轮痕

图1–2　芽的异质性

4. 干性和层形

果树中心干的长势称为干性。层性则是主干上不同部位的芽的异质性所导致的枝条呈层性分布的现象。

干性和层形是由果树品种自身的生长特性和自然环境变化规律决定的，也与管理水平和采取的技术措施有关。现代矮化苹果树采用的主要是主干形树形，树干上要着生几十个主枝。所以，具有较强干性和较弱层性非常重要。

图1–3　自然形成的枝条分层现象

图1–4　连续对主枝剪截造成分层现象

图 1–3 是栽植时未定干的富士树第二年生长初期的情形。图 1–4 是栽植时定了干，当年冬季又对主干延长头进行了剪截的瑞香红树。从干性上来看，富士和瑞香红都是干性比较强的品种，但由于管理上的问题，富士树的生长，因其下部受到与主干同样粗度的两年生主枝的抑制而变弱，而瑞香红树则因连续对主干进行了剪截，导致大量轮生枝“卡脖”，主干延长头也比较弱。从层形上来看，富士主枝的分层是自然形成的，而瑞香红主枝的分层现象则是连年对主干延长头的剪截造成的。生产上解决主干弱的办法是对弱的主干延长头进行剪截，同时疏除“卡脖”的主枝；生长健壮的主干延长头则要避免随意剪截。解决主枝分层问题的办法是要避免对主干延长头的随意剪截，及时疏除剪口下过粗过多的主枝，重点是疏除光秃带上方较粗大的主枝，以促使下部芽萌发成枝。

（二）与整形修剪有关的名词解释

1. 基砧

苹果苗木繁育时，利用苹果属的海棠、楸子、山定子等种子繁殖快，遗传性状不会影响苹果品种性状表现的特点，将这些树种的种子播种后长出的实生苗称为基砧，在其上嫁接所需苹果品种就成了生产上应用的乔化苹果苗，若在其上嫁接矮化砧木，就可培育成矮化中间砧苗木。

2. 矮化砧

矮化砧是指天然就具有不同程度矮化特性、在植物分类上与苹果同属一个家族的一类苹果属植物。它与我们常识中正常生长的乔化苹果树相比较，在树形上明显要小。根据其小的程度分为：极矮化、矮化、半矮化、半乔化等类型。我国生产上应用最早也最普遍的是英国东茂林试验站的 M 系和 MM 系，如矮化的 M26、M9；半矮化的 M7；半乔化的 M4、M111、MM106 等。近年来我国也引进了美国的马克系列、CG 系列，苏联的 B 系列，但生产上应用较少。我国自育的如 SH 系列和青砧系列也有一定面积的应用。其中，青砧以其广泛的适应性和较强的抗逆性，以及根系发达、干性强，可免支架栽培等优势，近年来推广面积逐年增大，而且在新疆的戈壁沙漠盐碱地上大面积栽植也取得了成功。

3. 矮化自根砧

矮化自根砧相似于乔化树，乔化树是用海棠、楸子等苹果属的种子经播种后生长出的实苗子，再在其上嫁接所需品种。矮化自根砧是通过压条繁殖的方法，将没有脱离母体的矮化苹果苗的枝条埋入土中，借助母体提供的营养，促使压入土中的部分芽生根，然后再将其与母体分离成为独立砧苗，用于嫁接所需苹果品种的砧苗。按压条状态分为水平压条和直立压条，一般枝条细长柔软的用水平压条，粗壮直立较硬脆的矮化砧用直立压条。直立压条繁殖系数大，繁殖速度快，砧苗根系发达，生产上应用较普遍。

4. 矮化中间砧

以苹果属的海棠、楸子等实生苗作为基砧，先在其上嫁接矮化砧接芽或接条，然后在矮化砧上再嫁接苹果品种形成苹果苗子，在基砧和品种之间这部分就叫矮化中间砧。

5. 砧穗组合

砧穗组合即不同基砧（中间砧）与不同品种形成的结合体就叫砧穗组合。如以 M26 为基砧与富士品种形成的砧穗组合，用文字表述为“富士 /M26”。

6. 树形

树形是果树在商品化生产过程中，根据砧木和品种特性、栽植密度、管理需要等因素，选择某种具有规范的树体高度、树冠大小、主枝数量、构建方法等要素，建成的树体骨架和形状。一般按树体的外形轮廓以象形法来命名，如细纺锤形，即是说这种树的外形类似于细窄的纺锤。

7. 树冠

树冠即树干上着生枝叶的最外沿形成的轮廓。

8. 树干

树干即一棵树地面以上到着生第一个主枝的部分。

9. 主干

主干即树干以上着生主枝的部分，也叫中央领导干。

10. 主枝

主枝即主干上构成树体骨架，承担结果任务的大枝。

11. 延长头

延长头是主干最上端，与主干沿一个轴线延伸的一年生枝条叫主干延长头；主枝先端，与主枝沿一个轴线延伸的一年生枝条叫主枝延长头。

12. 结果枝

结果枝即主枝上着生的可以开花结果的各类枝条。按照结果枝的长度可分为长果枝（15~30 cm）、中果枝（5~15 cm）和短果枝（5 cm 以下）。苹果的结果枝以短果枝为主，幼树期由于生长旺盛，长果枝的比例高于盛果期树。

13. 结果枝组

对细纺锤形而言，结果枝组就是着生在主干、主要是主枝上的有两次以上分枝的小枝群；对于高纺锤形和圆柱形树形而言，结果枝组就是直接着生在主干上的由一个主轴上分生两次以上的小枝群，起制造营养和结果的作用，是构成树冠、叶幕和结果的基本单位。

14. 竞争枝

在主干和主枝延长头部位，与延长头枝龄相同、长势相近、对延长头的正常生长形成抑制和削弱的一年生枝叫竞争枝。一般情况下，为保证主干的强健延伸和主枝的单轴延伸生长，对这些竞争枝要予以疏除。但在主干和主枝延长头本身较弱的情况下，有时也用较强竞争枝替换延长枝，即所谓 “换头” 。

15. 主枝尖削度

主枝尖削度是一年生以上主枝基部与梢部直径的比值，是衡量一个主枝成花结果能力的指标。主枝尖削度小，说明这个主枝的一年生枝没有经过剪截修剪或剪截较轻，基部和梢部的粗度差别不大，这样的主枝在角度开张的情况下，结果枝很容易结果。尖削度大的一年生以上主枝，一般是由于连年对一年生枝进行较重的剪截修剪造成的。这样的主枝一般在二年生以上枝段上很少形成结果枝，大多会抽生一些直立的徒长枝，剪除这些徒长枝后，往往会造成这一枝段光秃从而使结果部位外移。一般来说，尖削度维持在 1.5 以内较为合适。

16. 单轴延伸

单轴延伸是矮化苹果栽培中一个重要的概念，是一个一年生以上的主枝沿着一个轴线逐年延伸，主枝头不分叉，多年生枝段上不再分生侧枝，只着生结果枝和枝组的现象。这是由矮化苹果主干形树形，主枝数量大的特点决定的，因为大量主枝的存在没有为侧枝的分生提供生长空间。

17. 同龄枝

同龄枝是主干延长头剪截后，剪口下发出的与主干延长头属同年生的枝条。这是对主干剪截后带来的最直接、最不利的结果。大量同龄枝的存在，会对主干造成严重的抑制和削弱，是主干形树形建造过程中最应重视和解决的问题。

第二节 矮化苹果树采取的主要树形及其整形要点

我国的矮化苹果栽培在最近十多年来迅速发展，有了规模化发展的趋势。这将成为我国苹果产业发展的一次革命性变革，也会是苹果产业现代化的良好发端。

但是，目前生产中仍有很多果园，特别是农户小面积栽植的矮化果园，依然沿用传统乔化树的整形修剪方式管理矮化果园，限制了矮化苹果树早果丰产经济效能的发挥。

一、自由纺锤形

（一）树形结构及特点

1. 树形结构

在树干上 30~40 cm 范围的主干上有 3~5 个接近水平的主枝，上部不再培养主枝，而在主干上直接培养结果枝组。成形后树高 2.5 m 左右，冠径 2.0 m 左右，树体呈宽圆锥形（图 1-5）。适于 2 m × 4 m 株行距的果园采用。

2. 树形特点

自由纺锤形树形相较于其他纺锤形树形，其树冠要宽一些，最突出的特点是主干下部 30~40 cm 范围内配置有 3~5 个永久性主枝，主枝上培养侧枝，再在其上培养结果枝组，比其他纺锤形树形增加了一个枝的级次。这几个主枝的负载量要占到全树的 60% 以上，整形修剪要比其他纺锤形树形复杂一些，适于不易冒条的品种和较矮化的砧木。

（二）整形修剪要点

定植后在苗干 90~100 cm 处定干，在树干高度 70 cm 以上 20~30 cm 范围的主干上选择分布均匀、基角大的新梢培养成主枝。冬季修剪时在这些一年生主枝饱满芽处剪截，促生侧枝，扩大树冠。中上部不再配置永久性主枝，对发出的新梢按结果枝组的培养方法处理。主干延长枝根据长势进行修剪，过强者用下部竞争枝换头，弱者可适当剪截，中庸者无需剪截，将竞争枝疏除。将下部永久性主枝上的直立枝疏除，及时回缩衰弱、下垂枝，其余大部分枝条缓放不剪，待成花结果后培养成结果枝组。成形后，主干延长枝用弱枝换头以控制树高，主枝延伸过远的适时回缩，结果后注意枝组的及时更新。

图 1–5　自由纺锤形树形

二、细长纺锤形

（一）树形结构及特点

细长纺锤形也称细纺锤形、窄长纺锤形，是目前我国生产上采用最多的一种树形，在欧美也广泛应用。

1. 树形结构

树高 3 m 左右，树干高 50~60 cm，冠径 1.0~1.5 m，在中央领导干上均匀分布 25 个左右短于 1 m 的水平主枝，主枝不分层，上短下长，主枝间距 25~30 cm，外观呈细高的圆锥形（图 1–6）。细纺锤形树形适于（1.0~1.5）m×（3.5~4.0）m 株行距的果园。

图 1–6　细纺锤形树形

2. 树形特点

细纺锤形的主要特点是没有永久性主枝，在主干上均匀分布的多个分枝角度大于 90° 的主枝即为独立的结果单位，相当于一个大型结果枝组。其基部粗度在幼树期应小于其着生处主干粗度的 1/3，成形后不能超过着生处主干粗度的 1/5，过强或衰弱的主枝要疏除，剪除时留桩，以利抽生更新枝。还有就是要始终保持主干的绝对优势，以保障承担一定的负载和频繁的主枝更新。细纺锤形树形具有良好的通风透光性，利于果实着色，结果早，便于主枝更新，适于生长不旺、干性强、发枝较多、树冠开张的品种和较矮化的砧木。

细纺锤形树形的果园如图 1–7 所示。

图 1–7　细纺锤形树形的果园

（二）整形修剪要点

始终保持主干的绝对优势，主干弱时可适度剪截复壮，对主干延长枝形成抑制的竞争枝留桩剪截；对一年生枝长放不剪，只疏除过粗枝、基角小的夹角枝、双生枝、轮生枝、过密枝及背上直立徒长枝，其余分枝一律拉平长放不剪，二年生以上主枝的一年生延长枝不能一味长放，可轻剪以利形成中短果枝结果；对结果后延伸过长或衰弱的主枝及时进行回缩更新复壮，但是，对定植的非一级苗，树干粗度在 1.2 cm 以下，高度 1 m 左右的弱苗，则应在饱满芽处剪截定干，在当年五、六月长势强弱可辨时，剪除剪口下第二个和第三个竞争枝，保证主干延长枝不受抑制地延伸生长，其余管理与不定干苗的管理方法一样即可。

三、高纺锤形

（一）树形结构及特点

1. 树形结构

高纺锤形是由自由纺锤形发展而来的（图 1–8），树形近于圆柱形，树高 3.0~3.2 m，冠径 1.0 m 左右，主干上不分生主枝，而在其上直接培养 30 个以上结果枝组。枝条细短，上下差别不大，结构紧凑，适于干性强、矮化和易结果的砧穗组合及株行距（0.8~1.0）m × 3.5 m 的密度下采用。

2. 树形特点

树形紧凑，树冠薄，通风透光性好；结果早，定植带分枝大苗第二年即可结果，4~5 年即进入盛果期；整形容易，修剪量小，适于机械化修剪（图 1–9、图 1–10）。

（二）整形修剪要点

定干高度 70~80 cm，主干延长枝每年留 40~50 cm 剪截；强分枝（粗度大于着生处主干粗度 1/2）留 2 cm 左右短桩剪截；过密的一年生枝疏除，中庸枝及弱枝拉平不剪，多年生枝经常采取“去大换小、去远留近”法更新。成形后在主干上保持结构紧凑的结果枝组 30~40 个，如图 1–8、图 1–9、图 1–10 所示。

图 1–8　高纺锤形树形

图 1-9　高纺锤形树形矮化果园及单株结果情况

图 1–10　高纺锤形树形矮化果园实例及单株结果情况

第三节　几种特色树形简介

一、“Y”字形

（一）树形特点

“Y”字形树形是我国在苹果整形上采取较早的树形（图 1–11），二十世纪就已在乔化树上有过应用。近十多年来，在一些研究单位有小面积示范，生产中应用尚少见。“Y”字形树形的实质是将单主干变成了斜生的双主干，降低了树冠厚度，改善了通风透光性，充分利用了果园空间，提高了光能利用率、产量和果实品质。不足之处是两主干之间管理不便，应用在矮化树上需要设立扶持支架。

图 1–11　十年生“Y”字形树形苹果树结果情况

（二）建园技术要点

1. 确定株行距

株行距一般为（1.2~1.5）m × 4.0 m。

2. 设立支架

支架用直径 6~8 cm 的钢管焊接而成。主立柱地埋 50 cm，地面以上高 50 cm；两个侧柱高 2.5 m，夹角 35°~40°；每隔 10 棵树立一支架，在整行侧柱上每隔 50 cm 拉一道钢丝以便固定和扶持树体枝干；每行的第一个支架要下地锚，用钢丝牵拉紧固支架（图 1–12）。

图 1–12　“Y”字形树形的扶持支架

3. 剪截

苗木定植后，在树干 50 cm 上下选择朝向行间、基本相对的两个芽，在其上进行剪截。在萌芽后选择方位较理想的两个芽保留，其余芽抹除。在新梢长至 80 cm 时将其绑缚在钢丝上。

（三）管理技术要点

1. 主枝的分布形式

对两个侧生主干管理要求同细长纺锤形，区别是主枝的分布应尽可能地将其人为牵引至像羽毛状并顺着行向固定在钢丝上，每侧左、右间隔约 25 cm 留一主枝，每侧的主干上选留约 25 个水平生长的主枝，成形后呈扁平的幕墙样树冠。

2. 主枝的角度

主枝拉平绑缚在钢丝上即可。

3. 主枝的粗度要求

“Y”字形树形的枝干比要比细纺锤形更大些，在幼树期控制在 1 ∶ 3 以上，三年生以后控制在 1 ∶ 5 以上为宜。

4. 萌芽后处理

选留剪口下两个对生朝向行间的芽，其余萌芽及时抹除。

二、“V”字形

（一）树形特点

“V”字形与“Y”字形树形的特点基本相同，不同之处在于其没有直立的树干，树干从地面以上就直接向行间方向倾斜向上。整形方式既可以在苗圃就按要求在砧木的同一高度嫁接同一品种的芽来培养，也可以按 1.2 m × 4.0 m 的株行距，在栽植时一侧间隔 1.2 m 栽一株，另一侧插空错开间隔 60 cm 栽一株，均向行间倾斜，两株间在行向上的夹角在 45° 左右。

图 1–13　“V”字形树形的建园栽植

（二）建园技术要点

扶持支架除了没有直立柱，其他与“Y”字形基本相同；苗木栽植上除了苗木倾斜栽植以外，也与其他树形的栽植要求相同（图 1–13）。

（三）管理技术要点

“V”字形与“Y”字形树形的管理技术要点基本相同（图 1-14、图 1-15、图 1-16、图 1-17）。

图 1-14 “V”字形树形整形的扶持支架

图 1-15 当年秋季“V”字形树形栽植情形

图 1-16 “V”字形树形侧面分枝情况

图 1–17　“V”字形树形成年果园的结果情况

三、双主干形

（一）树形特点

双主干形树形是从欧洲引进的一种树形，其树形特点是：从单主干变成双主干，分散了主干的生长势，主干上发出的枝普遍长势不会太强，易形成短中果枝结果，可以按高纺锤形直接在两个主干上培养结果枝组。其优点是：第一，改纺锤形的 3D（立体）结构为 2D（平面）结构，整行树形成一面结果墙，果树通风透光，光能利用率高；第二，营养生长与生殖生长易于平衡，树势缓和，中、短果枝占比高，易成花结果，早期产量上升快，果实品质好；第三，整形修剪技术简化，管理方便，利于机械化和未来智能化机械作业。

（二）建园技术要点

在国外双主干形树形的苗木繁育一般是在苗圃就培育好了的，即在矮化砧木同一高度上采取带木质芽接的方法，对口嫁接两个同一品种的芽培育而成。

而在国内的苗圃没有这样的苗木出售，要想采取双主干树形建园，可以采取改良的办法。即将普通单干苗按 1.2 m × 3.2 m 的株行距定植后，萌芽前在苗干饱满芽处（大约 50~60 cm 高度）选择两个顺着行向、大致对生的饱满芽，在其上剪截定干，在新梢抽生出来，长到 1 m 以上高度时，将其在架设好的钢丝上按两个主干 60 cm 的间距固定在钢丝上。具体扶持系统支架高度和牵丝间距见图 1–18。双主干形树形果园上年建园，翌年春季的情形如图 1–19 所示。

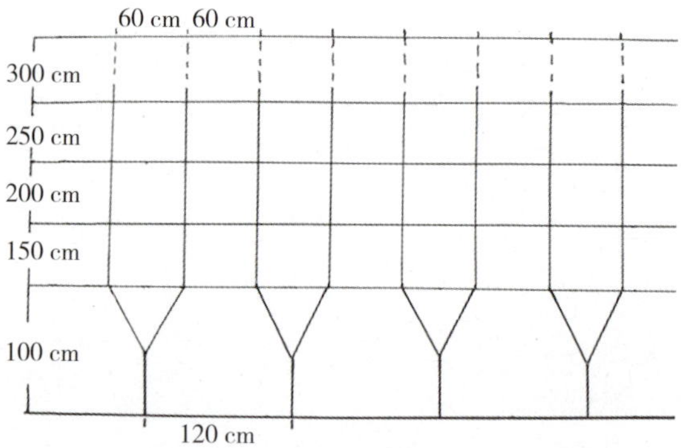

图 1–18　双主干形树高、株间距、主枝间距、扶持杆高度及牵丝间距

图 1–19　双主干形树形果园

（三）管理技术要点

（1）及时将高度超过钢丝高度的主干按间距绑缚在钢丝上；

（2）主干上有超过 20 cm 的长枝时要在生长季节采取连续摘心的方法控制其继续延伸，冬剪时可留桩剪截，促发中短枝；

（3）重视培养小型结果枝组。

四、多主干形

（一）树形特点

多主干形树形也称居由形、盖奥特、谷优特（Guyot）形，是法国人朱尔斯·居由在葡萄上发明的一种树形，后来被借鉴到苹果上，是一种特殊的整形方式。

（二）建园技术要点

多主干形树形在建园栽树前就要先建好支架系统。按照 1.2 m × 2.8 m 的株行距，每隔 12 m 栽一根粗 6 cm 高 2.5 m 的钢管或水泥桩，桩上每隔 50 cm 拉一道钢丝。定植完成后，将苗木沿一个方向压倒绑缚在第一道铁丝上，弯曲部位距地面 50 cm，梢部要高些，呈基部底、梢头高的倾斜状。

图 1–20 一年生多主干形树翌年春季的萌芽情况

多主干形树的树干上间隔 30~40 cm 留一个主干，幼树期可能出枝多些，可保留结果一两年后再疏除，最终留 4 个主干。这就比双主干形多了一倍的主干，其整体的生长势就更加分散，易于形成短果枝，主要在主干上培养小型结果枝组结果。一年生多主干形树翌年春季的萌芽情况如图 1–20 所示，主干上的中短果枝已经成花。图 1–21 为我国自育新品种瑞香红多主干形树形的成枝情况，该品种萌芽率很高，非常适于多主干形树形。

多主干形树形的优点与双主干形树形基本相同，甚至还要更突出些，这里不再赘述。

（三）管理技术要点

（1）要及时将高度超过钢丝高度的主干绑缚固定在钢丝上；

（2）梢头弱时要及时调整，适当抬高梢部高度；

（3）主干上有超过 20 cm 的长枝时要在生长季节采取连续摘心的方法控制其继续延伸，冬剪时可留桩剪截，促发中短枝；

（4）重视小型结果枝组的培养。

图 1–21 多主干树形栽植当年 12 月的成枝情况

第四节 矮化苹果树常用的几种整形修剪方法

修剪是果树进行人工栽培后的园艺措施，也是整形的重要手段，其实质是调节果树营养生长和生殖生长平衡、调整枝叶空间布局、改善树体通风透光条件、提高光合效能、改善果品质量、提高产量和延长果树经济寿命。修剪主要依据果树的生物学特性，采取长放不剪，或是采取剪截、疏剪、缩剪、摘心等方法除去树枝的部分或全部，或是采取拉枝、拿枝、捋枝、扭枝等方法开张分枝角度和改变分枝方位，这样会造成枝条一定程度的损伤，从而改变树体各部分和器官的营养分配和流向，均衡树势，合理规划树体结构空间，从而实现早结果、早丰产、提高果实品质、延长经济寿命的目的。上述方法中，疏剪、缩剪、摘心、拉枝、拿枝、转枝、扭梢等是矮化苹果树整形修剪中比较常用的方法。

一、一年生枝的修剪

（一）缓放不剪

就矮化树来说，对一、二年生树的主枝一般采取开张角度、长放不剪的做法，是实现矮化树早结果、早丰产的重要措施。这对现在作为主栽品种的富士苹果来说尤其关键。生产中常能见到对富士一年生枝进行剪截导致只抽条不结果的现象，因此，应该改变剪截修剪，尤其是在春梢饱满芽上剪截的做法。

重要提示：长放加上拉枝开张角度是早结果、早丰产最有效的方法，只有坚持才能充分体现矮化树早果丰产的特性。

图 1–22　一年生枝长放不剪，第二年发出很多中、短果枝

就富士来说，对一年生枝条缓放不剪是形成花芽结果的重要措施（图 1–22）。但对瑞雪、瑞阳这些容易成花结果的品种，在干旱少雨，土壤瘠薄的地区，如果不对一年生主枝进行剪截，则不论主枝角度平斜向下或是直立向上，大多只在秋梢上形成一些短果枝或腋花芽，春梢上的芽则多不萌发而形成光杆枝。所以，对这类品种的一年生主枝要从春秋梢交界处以上留几个瘪芽进行剪截，也称“戴帽”剪截，以促使春梢段上的芽萌发形成中、短果枝结果。

（二）不同程度截剪的修剪反应

1. 剪截

剪截即剪去一根枝条的一部分，是传统整形修剪技术中最基本的方法，也是运用最多的方法，用该方法可以调节树体长树和结果的关系，扩大或缩小树冠，调整枝条生长空间。根据剪截的轻重，会呈现不同反应，称其为修剪反应，这是衡量修剪效果是否达到修剪目的最直观的标准。但对矮化苹果树来说，由于其自身的生理特性，剪截是唯一要尽量减少使用的修剪方法。

如图 1–23 所示，瑞雪树上一年生主枝不剪截，春梢饱满芽大多不萌发，应在春秋梢交界处“戴活帽”剪截，促使光秃部位芽萌发。图 1–24 是对一年生枝进行不同程度截剪后的反应情况。

图 1–23　瑞雪树上一年生主枝不剪截

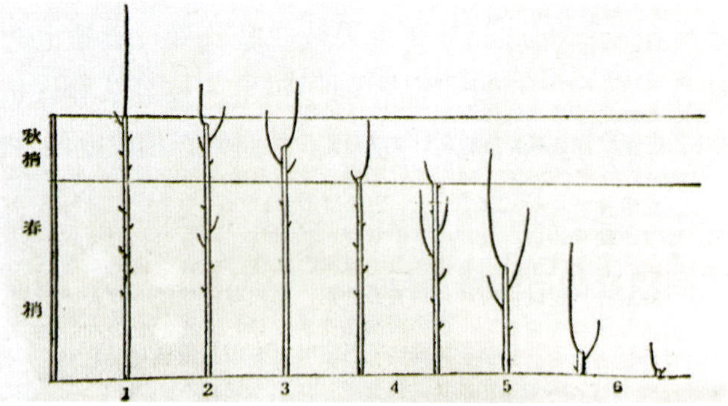

图 1–24　一年生枝的剪截反应

2. 轻剪缓放

在秋梢顶端次饱满芽处剪截，有利于形成花芽。这种修剪的刺激较弱，减少了这部分芽萌发对养分的消耗，在枝条角度平斜的情况下，保留的芽萌发形成短枝花芽（图 1–25）。

图 1–25　轻剪缓放易形成短枝花芽

3. 在秋梢饱满芽处剪

剪口下可抽生几个中等长度的新梢，春梢上部的几个次饱满芽也会萌发，其余春梢上的大部分芽一般不萌发。这种修剪方法适合不易冒条的品种，如瑞阳、瑞雪。但枝条开张角度必须大于 90°，延长头的垂直优势被削弱，才能使主枝春梢上的芽萌发形成短果枝结果，剪口下的新梢也不会长得太长。而对像富士这样易冒条跑单杆的品种，则应避免这种修剪方法（图 1–26）。

4. 在春秋梢交界处以上留几个瘪芽剪截

在春秋梢交界处以上留几个瘪芽剪截也称“戴活帽”剪截，该方法有利于春梢饱满芽萌发形成短枝结果，适合不易冒条的品种。修剪后，翌年春季萌芽，大多数春梢上的芽会萌发形成中、短枝，但必须在枝条开张角度大于 90° 的平斜状态下才会实现。如果枝条处于直立向上的生长状态，则只有春梢上部几个芽会萌发形成中、长枝（图 1–27）。

图 1–26　在秋梢饱满芽处剪截

图 1–27　“戴活帽”剪截

5. 在春秋梢交界处修剪

在春秋梢交界处修剪也称“戴死帽”剪截（图 1–28），可在春梢上部抽生 2~3 个中等长度的长枝，其中下部的芽大多也会萌发，抽生形成中短果枝。但像富士这种易冒条的品种，树势较旺的树上会只抽生中长枝而较少形成短果枝，修剪时要避免对一年生枝这样剪截。从图 1–29 可以看到，在三月下旬，这个一年生直立生长的枝条从春秋梢交界处剪截后，其上 15~16 个芽基本全部萌动了，当年会在中下部形成很好的中短果枝。

图 1–28　冬剪时“戴死帽”剪截

图 1–29　“戴死帽”剪截后春季萌芽情况

6. 在春梢饱满芽处剪截

在春梢饱满芽处剪截，会在剪口下抽生几个强旺新梢，而中短枝较少，适于扩大树冠。矮化果园由于密度大，株间距小，分枝两年就会相交，无需通过这种剪截方法扩大树冠。

图 1–30 是对一年生枝条连年在春梢饱满芽处进行剪截后的情形。可以看出，这个主枝的基部已经是四年生了，但由于连续三年对一年生延长枝进行了较重剪截，其延伸长度已达 1 m 以上，但两年生以上的枝段上却基本没有发出中短枝，只见剪口部位和背上疏除竞争枝后留下的疤痕。

图 1-30　连年在春梢饱满芽上剪截形成光棒枝

从图 1-31 可以看到，春季萌芽开始时，由于之前在春梢下段饱满芽上剪截过，现在，枝条上的芽已经膨大了，肯定会抽生出几个很强的无用枝。像这种长度已经足够的主枝，应该采取回缩修剪法，从春梢基部留瘪芽剪截，也可以采取“甩辫子”的修剪方法，即从两年生枝上发出的小枝上方剪截。

图 1-31　从箭头所指部位“甩辫子”剪截

如图 1-32 所示，在角度开张的一年生枝春梢饱满芽上剪截，会使二年生枝上的背上芽萌发形成大量直立长枝，这样的枝条很容易变成光棒枝。

图 1-32　多年生主枝背上抽生大量直立长枝

图 1-33 是在腰角和梢角较小的一年生枝的春梢上段饱满芽上方进行了剪截，导致其中、下部芽基本未萌发，只有剪口下抽生出几个新梢，这些新梢当年大都会长成很强的中、长枝。如果不剪截或在秋梢半饱满芽处剪截，则一年生春梢上的饱满芽大多都能形成中、短果枝。这种修剪方法也是导致主枝尖削度大、基部大约 50 cm 处形成光秃、结果部位外移的主要原因。在矮化苹果树的修剪中，不论是易冒条品种还是不易冒条品种，这种较重的剪截方法都要尽量避免，尤其在前三年树形建造过程中更要慎重使用。

图 1-33　在春梢饱满芽上部剪截

二、留桩修剪

为了保证树体均衡生长，维持主干的绝对优势，避免过多同龄枝并生，保持主枝间一定的枝龄差，或避免主枝太粗、太密，常常需要在一、二年生或多年生主枝基部留几个瘪芽进行剪截，称留桩剪，是矮化苹果树一种很重要的修剪方法。

剪截时剪口呈向上 45° 的马蹄形斜面，斜面上部贴近主干，下部距主干 1.5~2.0 cm，一般会在剪口下抽生 1~2 个较长的枝，是矮化苹果树整形修剪中最常用的修剪方法，这种方法易形成结果枝。在有过密主枝需要疏除或过大的主枝需要采取以大换小措施，又需要保留发枝部位和结果部位时可采用，还适于细纺锤形树形在更新疏除主枝时采用。这种斜向的剪口剪掉了枝条上面靠近主干处的隐芽，不会抽生直立枝，也有利于新枝发出后剪口及时愈合。

留桩修剪要把握好留桩长短。若是细纺锤形树形，在回缩修剪后只需抽生一个主枝，留桩不要太长，一般留 1.5~2.0 cm 的短斜桩即可（图 1-34），这种剪留方法剪去了枝条上面的芽，只有剪口下的芽萌发，长出的枝条角度自然张开，长势不会太强，剪口也容易愈合，是比较理想的状况（图 1–35）。

图 1–34　剪口夹角向下倾斜的剪截

图 1–35　斜剪留短桩后的发芽情况

在高纺锤形树形中，要在主干上培养结果枝组，可以像图 1–36 这样剪留 3 cm 以上的长桩，则会抽生 2~3 个中、长枝，也适用于以大枝换小枝或弱主枝的更新复壮。

图 1–36　剪口下抽生两个以上小枝

如图 1–37 所示，采用这种剪口直立的剪截方法，剪口上方、下方和侧面都会发出芽来。所以，要在萌芽后选留剪口下芽，将其他芽及时抹除。

如果留桩过长，会出现如图 1–38 所示的情况，即留桩长度接近 3 cm，加之桩头下垂，剪口下方芽将不易萌发，只有其上方的芽会萌发成近于直立向上的徒长枝，不易形成花芽结果。

如果是高纺锤形树形，留桩可稍长些，一般以 3 cm 左右为宜，这样可抽生出 2~3 个较弱的中长枝，利于成花结果，但要及时抹去剪口上方的芽。

图 1–37　直立剪口上面的芽萌发

图 1–38　保留剪口上芽导致枝条直立徒长

三、破芽剪

生产中经常会见到在主干上原本需要发出健壮主枝的部位形成了许多腋花芽和短枝花芽的情形。这些花芽若萌发结果，不仅不利于抽生主枝，还会影响树形的正常建造。这种情况，可在冬剪时将果枝顶端的花芽剪除予以刺激，促使其抽生出理想新梢，这种修剪方法叫破芽剪。同时，对主干上需要出枝部位的腋花芽也要在春季现蕾后及早疏除花蕾，减少养分消耗，以利发枝（图 1–39）。

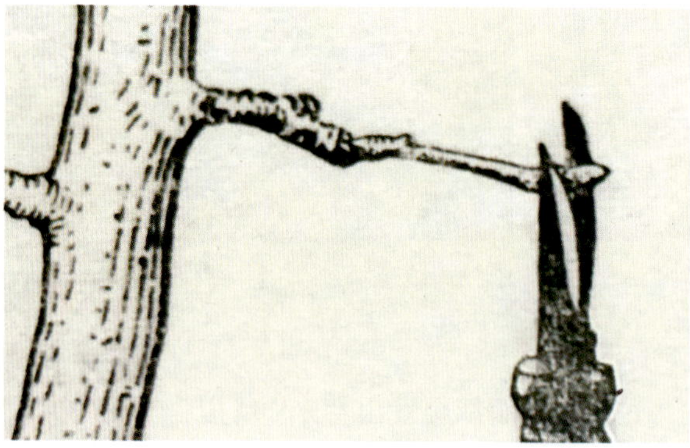

图 1–39　剪去短枝顶花芽有利于抽生健壮主枝

四、疏剪

疏剪即从主枝基部靠近主干处剪除不需要分枝的修剪方法（图 1–40）。实际生产中，出于均衡树势、合理空间布局等目的，往往需要对主干上发生的对生枝、轮生枝、过密枝、过粗枝和过低枝进行疏除。疏枝会促进剪口以下部分枝芽的萌发，尤其对同侧下部枝芽萌发的促进作用较大。但过多疏枝也会削弱树势，特别对疏枝部位以上部分有较强抑制。

矮化苹果树在幼树整形期，因不当修剪等原因会出现主干某一部位着生的主枝过粗、过密等情况，抑制主干和其他主枝的正常生长。对过粗枝的疏除会造成较大伤口，要注意剪口平滑才能愈合良好，如图 1–41 所示。对树干上不需要继续出枝的部位不留桩，剪后可涂抹封剪油等保护剂，也可像图 1–42 用薄膜覆盖剪口予以保护，更好地防止腐烂病的发生。

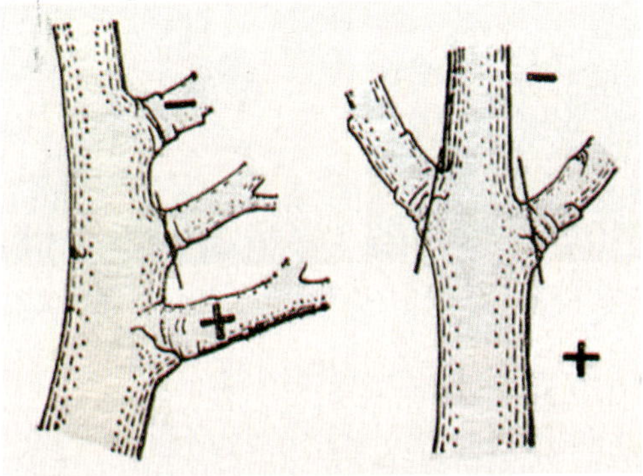

＋：促进作用　—：削弱作用

图 1–40　疏剪对剪留枝的影响

图 1–41　愈合良好的剪口

图 1–42　剪口保护

五、目伤

目伤即春季萌芽前，在缺枝的主干部位瘪芽或半饱满芽上方用修枝剪或芽接刀刻一月牙状伤口，深达木质部，可以促使伤口下方的芽萌发成枝。春末夏初在主枝下方目伤，有提高其上部枝条花芽形成数量和坐果率的作用（图 1–43）。

图 1-43　在期望出枝的瘪芽上方目伤可以促发枝条

六、回缩修剪

矮化树的主枝在拉枝、缓放和连续几年结果后，主枝甚至整棵树都会出现衰弱现象，需要通过回缩修剪的办法恢复其生长势。

（一）全树回缩修剪

随着树龄增长，由于连续几年结果，加之不恰当的整形修剪方法和管理措施，导致出现全树衰弱的情况，可以从主枝基部选择比较饱满的芽留桩回缩修剪，以使主枝更新复壮，维持矮化树经济寿命。

图 1-44 是一棵瑞阳品种六年生树极度衰弱的情况。可以看出其一年的新梢生长量只有 10~20 cm，甚至更少。由于定植后连续四年没有灌溉条件，加上连年大量结果才造成了现在这种情况。这样的树势若继续结果，会导致果实品质差，树体衰弱加剧，因此，必须进行留桩修剪，更新复壮（修剪后如图 1-45 所示）。图 1-46 是缩剪后第二年六月中旬发枝的情形，可以看到几乎所有缩剪后的枝都发出了 30 cm 以上的新梢，这还是在管理较差条件下的生长状况，如果肥水充足，则新梢长势会更好。对这些新梢采取拉枝的方法开张角度，当年即可形成花芽，来年结果。

图 1–44　修剪前

图 1–45　修剪后

图 1–46　第二年发枝情况

（二）局部回缩修剪

1. 主枝衰弱时的回缩修剪

图 1–47 中的这棵树尽管树势很弱，但个别多年生主枝和几个一年生主枝的长势尚可维持，可以保留扶持，只需将枝头下垂衰弱的几个主枝回缩到较高位置即可。右下侧的光棒枝长势太强，对上部有较强抑制，应予以疏除。修剪后如图 1–48 所示。

图 1–47　修剪前

图 1–48　修剪后

如图 1–49 所示，拉枝过低，也会使主枝在经过几年结果后前端衰弱，应采取回缩修剪的方法抬高角度，以利主枝复壮。

图 1–49　衰弱主枝的复壮回缩修剪

2. 主枝延伸过长时的回缩修剪

回缩不仅是对衰弱的主枝进行回缩，对那些长度已经达到株间相交的主枝，也应进行回缩。如图 1–50 所示，后部光秃，尚未形成结果枝或结果枝组的主枝，可以在一、二年生枝交界处剪截回缩。这样可以避免主枝头进一步延伸，也会使后部的芽进一步充实并萌发形成中短果枝结果。

图 1–50　长度超出株间距一半的主枝

如图 1–51 所示，已经在二、三年生枝上形成了中短果枝的主枝可以在二年生枝上选留一个小枝剪截。这种“甩辫子”回缩剪截方法使其头部不会再抽出强的一年生枝，另外，有一个小枝起到带头作用，主枝也不会太弱。

图 1–51　“甩辫子”回缩

七、摘心

摘心是摘去一年生新梢顶端的幼嫩部分，以抑制新梢延长生长，促进保留的枝条芽体成熟，抽生短枝的修剪方法如图 1–52、图 1–53、图 1–54 所示。对矮化树来说，摘心的目的是促进形成短枝花芽。秋季对旺长新梢及时摘心，可促使秋梢提早停长，充实枝条，有利越冬。

图 1–52　五月下旬摘心，发出二次梢

图 1–53　新梢六月初摘心，六月中旬的反应

图 1–54　二次梢摘心后

摘心一般在新梢缓慢生长期进行。摘心过早，会发出较强的二次梢，削弱春梢花芽形成。对二次梢可继续摘心，以减少营养消耗，充实春梢，促使花芽形成。

第五节 拉 枝

拉枝是果树人工栽培后应用最多、最主要的一项整形修剪技术。通过人为改变枝条生长方向，主要是改变与主干形成的夹角，可以有效提升枝条的生长势，有利于成花结果和调整空间（图 1-55、图 1-56）。

图 1-55 果农自创的塑料袋装土坠枝法

图 1-56 塑料绳拉枝

一、拉枝的主要作用

（1）抑制和削弱主枝的顶端优势，减少枝条上下顶端优势的差异，利于靠近主干基部的芽进行萌发，避免了光秃现象，也为复壮更新提供了可能；

（2）主枝角度开张，有利于扩张树冠，改善光照，充分利用空间平衡树势；

（3）可减慢枝内蒸腾液流，减少生长素、类似赤霉素和氮的含量，使碳水化合物和乙烯含量增多，有利于花芽形成；

（4）有利于提早结果，增加产量，改善果实品质。

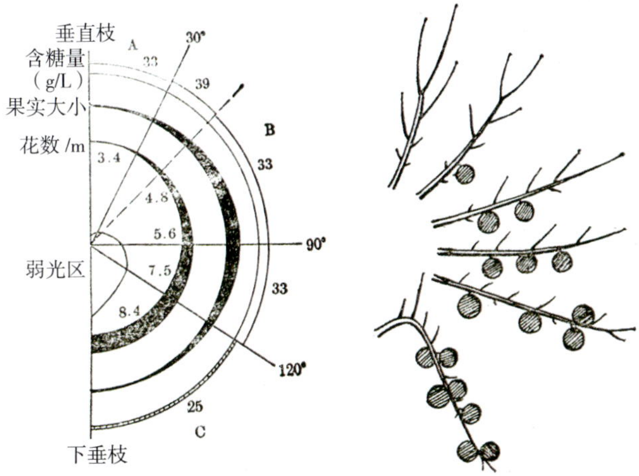

图 1–57　枝条角度与结果的关系

二、拉枝与不拉枝的效果比较

如图 1–58 所示，左侧分枝经过了拉枝处理，角度也稍大于 90°，呈平斜状，所以形成了满枝的花芽，未出现光秃现象。而右侧主枝没有拉枝，枝条自然向上生长，只在顶部形成了花芽，而顶部以下光秃，这很好地反映了拉枝的作用。

图 1–58　拉枝与不拉枝的成花情况对比

三、拉枝的时间

拉枝一般在生长季节树液流动后进行。有研究表明，温度条件会影响不同姿势枝条中乙烯的发生量。在气温 30℃条件下，离体的苹果新梢乙烯发生量比气温在 20℃时多，弯曲枝条的效果明显，水平枝和屈曲枝与直立枝乙烯的发生量差异显著，而乙烯有促进花芽形成的作用，说明夏季高温期间拉枝效果最好，拉枝过早会抑制当年新梢生长，但有利于花芽形成，过晚则对花芽形成的作用较弱。

对当年生新梢的角度开张，可在其长度超过 30 cm，半木质化时进行。对一年生以上枝条进行开张角度的拉枝，应在春季萌芽后树液流动时开始进行，也可在秋梢生长后期进行。

四、拉枝的角度

（一）拉枝基本到位的情形

1. 生长情况

图 1–59 是新品种瑞雪树拉枝后的成花情况。该品种具有一定的短枝性状，极易成花结果。枝条的角度略大于 90°，枝势平斜不打弯，特别是基部角度拉平了，不会发生在基部打弯处抽生直立徒长枝现象，枝上花芽形成就会比较均匀。拉枝的时间也应适宜，对当年生新梢，要在其长度 30~40 cm，半木质化时开张角度，对一年生枝条要在来年春季萌芽后树液流动时开张角度。春季拉枝晚的话不会形成太多花芽，秋季拉枝早的话枝条前端会向上弯曲生长。

2. 技术要点

拉枝角度在 90°~110° 之间为宜。角度小于 90° 时，易造成枝条先端部位花芽多，基部花芽少。角度过大，易在连续几年结果后使枝条变弱进而导致全树衰弱。

图 1–59　拉枝角度 90°~110 °

（二）几种拉枝角度并存的成花效果对照

1. 生长情况

图 1–60 为多种拉枝角度并存的典型例子。从图中可以看出，凡是拉枝角度接近和大于 90° 呈平斜状的枝条，大多能形成串花，但右侧下部第一个枝和左侧下部第二个枝由于基部拉至下垂状态，对芽的抑制作用过强导致芽难以萌发。左侧下部第一个未拉而向上自然生长的枝，则只有顶部约 1/4 的部分萌芽，其余部分的芽未萌发而形成光秃带。

2. 技术要点

把握正确的拉枝角度是非常重要的，即控制在 90°~110° 范围内，呈平斜状，不要打弯，因为打弯的最高处容易冒条，过度下垂的芽也会因极性的改变而不易萌发。

图 1–60　拉枝角度不同，效果不同

（三）对应该疏除的枝条进行了拉枝的情形

1. 生长情况

图 1–61 是一棵栽植后第二年七月树的生长情况，可以看出定过干，冬剪对过多主枝未进行必要疏除而全部进行了拉枝，在剪口下不足 50 cm 的范围内，当年抽生了十几个分枝，长势良好。但是这些分枝并不需要全部保留，树干上的枝应该去掉，过粗的枝也要疏除。另外，大部分枝条的基角拉开了，但腰角和梢角太大以至树体下垂，经几年结果后便会很快衰弱。

2. 技术要点

（1）在上年冬季修剪时，应先疏除树干上着生位置过低（地面以上 60 cm 以内）和主干上粗度超过主干粗度 1/3 的枝条。

（2）对留下的枝条在春季萌芽树液流动后进行拉枝处理。如果不进行处理，会严重抑制其上部主干的生长，使上部变弱，难以抽生理想的分枝，不利于如期建成匀称丰满的树形。拉枝的角度在 90°~110° 之间，呈平斜状即可。

图 1–61　未疏除拉枝的主枝

（四）拉枝角度过大

1. 生长情况

图 1–62 是定植后第三年七月中旬的生长情况。可以看到树的长势还是比较健壮的，下部主枝也已挂果，但拉枝过低，枝条先端已形成花芽结果，而靠近内膛有 30~40 cm 却是光秃的，这种情况下连续结果几年后枝条会很快衰弱。

图 1–62　拉枝角度太低，枝条基部形成光秃

2. 技术要点

（1）拉枝时一定不要拉成“披头散发”式。这样虽能提早结果，但易造成主枝基部光秃、结果空间压缩、内膛郁闭、果实着色和品质变差等问题。

（2）修剪时，对小范围内过多的主枝要适当疏除，上下同方位的枝间距应大于 20 cm，粗度超过主干 1/3 的主枝也应疏除 。

（3）此后通过修剪逐年抬高主枝角度。

（五）对树干上位置过低的枝进行了不必要拉枝

1. 生长情况

由图 1–63 可以看出这棵树在定植时定了干，但定干太低，因此，所有分枝的位置都太低。加之拉枝角度太大，结果以后，下部五个枝都会拖在地上，会导致果实品质下降。

2. 技术要点

（1）应疏除最下部左右两个位置过低的枝；

（2）左侧下部第二个枝粗度稍大，应该去掉；其上部两个枝重叠且距离较近，可考虑先去掉上部第二个枝，另一个枝暂时保留结果，以后再视情况处理；

图 1–63 对过低枝进行了不必要拉枝

（3）右侧下部第二个枝太低，应不留桩疏除；

（4）拉枝的角度在 90°~110° 之间即可。

五、拉枝的材料及方法

拉枝的材料和方法多种多样，这里选择几种予以推荐。

（一）开角器

1. 特点

图 1–64 是一种用塑料材质制作的枝条开角器，适合一至三年生树，主干粗度不超过 4~6 cm、当年生枝条粗度不宜超过 1~2 cm，在枝条生长长度 40 cm 以上时打开枝条的基部角度，方便快捷，效果也好。开角器有不同规格可供选择。

2. 作业方法

开角器使用时要先将枝条基部小心地揉开，然后将开角器较宽的一头如图 1–64 所示卡在树干上，另一头卡在枝条上面即可。角度调整的方法是用一只手固定住枝条上开角器的卡口部位，角度应大于90°，另一只手上下挪动开角器卡在树干上来定位，卡位离主枝基部愈近角度愈小，反之则角度越大。

图 1-64　塑料开角器及开角方法

重要提示：用开角器开角时，最主要的是防止枝条基部劈裂。在作业时要用一只手固定住枝条基部，另一只手食指在下、拇指在上捏住枝条，小心用力向上拿枝，即达到“响而不折”，基角打开即可卡上开角器定位。一般开角 20 d 后枝条角度基本就固定住了，固定后应及时取下开角器，否则枝条增粗后卡口处树皮会被挤伤折断。

（二）塑料绳

1. 特点

常用拉枝绳如图 1-65 所示，为聚氯乙烯绳，是最经济且方便的拉枝材料。

2. 作业方法

用绳子拉枝时，与使用开角器一样，要先将枝“拿一拿”，然后用一只手在枝条上向下试压，压到枝条基部和梢部基本平斜的地方，这一点就是固定绳子的地方。在枝条上系好绳子后，再在树干或下部较粗的主枝上选择合适的位置固定即可。

重要提示：拉枝绳在拉枝时要注意，两头系绳时要系成留有空隙的死结，不能系成风吹摇动后会抽紧的活结。拉枝后应及时去除死结，如果系成死结且长时间不去除，随着枝条增粗，绳子会勒进枝条中，遇风摇曳或结果负重后易折断（图 1-66）。

图 1-65　常用拉枝绳

图 1–66　塑料绳拉枝方法

（三）钢丝钩

1. 特点

图 1–67 是一种市场上用钢丝材质制作的商品化拉枝器，适合二年生以上枝条的拉枝开角。其优点是强度较大，可回收反复使用。缺点是其长度是固定的，一头挂在枝条上，另一头若在固定时找不到合适距离的固定点，使用起来不方便。同时，由于其挂在枝条的一端呈钩状，遇风摇曳会脱位刮伤枝叶，而且用完以后还要回收，又常常互相交织，很难处理。

图 1–67　钢丝拉枝器

2. 作业方法

作业方法与拉绳拉枝基本相同，拉枝情况如图 1–68 所示。

图 1–68　钢丝拉枝器拉枝情况

第二章 矮化苹果苗木定植及定植后修剪技术

第一节　建园准备

矮化苹果树的整形修剪与果园建设情况息息相关，比如苗木质量、栽植密度、栽植的深浅程度等，都为果树的生长状况奠定了基础，进而对整形修剪产生影响。

一、园地准备

（一）园地整理

园地是建园的基础，应该提早准备，一般最好能在建园前一年的十月，秋播之前确定好。园地确定以后，首先要对土地进行整理，不平整的地块要整平，以便于日后机械作业和兼容滴灌技术要求。平整以后即可对园地进行一次深翻，若是重茬地，则要用棉隆等杀菌剂进行杀菌处理。

（二）定植规划

根据拟选择矮化砧木的品种特性及拟采用的树形，确定适宜的株行距。可供选择的株行距一般是：基砧或中间砧如果为 M26、M9–T337 的，自由纺锤形为 2.0 m × 4.0 m；细纺锤形为（1.0~1.5）m ×（3.6~4.0）m；高纺锤形（包括一些短枝型加矮化砧的“双矮”）为（0.8~1.0）m ×（3.5~3.8）m。如果选择最近几年推广的青砧作基砧，则选择（1.5~2.0）m × 4.0 m。具体规划时要考虑留足机械作业通道，特别是规模以上果园，必须在园地两头留出 5 m 以上的通道，以保障大型机械顺畅作业。

（三）放线开沟施基肥

根据规划放线，可用开沟机以线为中心开出宽 × 深（100 cm × 50 cm）的沟，然后将基肥（如羊粪、油渣、枝干碎屑等）加上磷肥和商品有机肥撒在开沟机翻出来的土上，拌匀回填入沟中。也可以将基肥平摊在以定植中线为中心 100 cm 宽的地面，然后用挖掘机就地翻挖 80 cm 抖匀回填。这样经过微生物几个月的分解，可以促进养分转化，便于定植后苗木的吸收利用。

二、设施建设

（一）架设防雹网，设立扶持系统

由于矮化苹果树在目前的栽培实践中大多采取纺锤形和高纺锤形等主干形树形，主干形树形适应了矮化园群体密度大、个体树冠小、主枝数多不分层等特点，且树上没有永久主枝，所有主枝都处在动态更替的循环中。在这样的情况下，没有一个强健的主干就无法承载少则十几个、多达几十个分枝的频繁更替和产量负载；偏斜的主干也会造成偏斜一侧不易抽生分枝，不利于建成匀称丰满的树冠，降低空间有效利用率和单位面积产量；由于矮化树根系较浅，固地性差，结果后或遇到大风会使果树严重倾斜甚至倒伏。因此，设立支架系统可有效防止大风或负载较大造成损失（图 2–1）。

图 2–1 无支架系统结果后或大风过后树体严重倾斜甚至倒伏

现代矮化果园建园时一般都要设立支架系统，以便将每株树都固定绑缚在设立的支柱上，从而保证主干的直立生长并防止倒伏。在规划建园时，设立支架系统是需要重点考虑的项目之一。有些操作规范的果园甚至在未栽树以前，就已经建好了支架系统，其中包括滴灌系统的主管道铺设（图 2–2）。一时来不及或投资紧张的，也应给每棵树插上一根支撑杆，以便将苗木和新梢固定在支撑杆上，保证苗木直立生长，防止被风吹折。所以，建立扶持系统是矮化砧木苗建园时必不可少的项目。

黄土高原很多地区是冰雹多发区，一场冰雹往往会使果园遭受严重损失。防雹网系统是在黄土高原地区建设果园必须考虑的另一项重要工程设施。因此要提前做好设计，将扶持系统和防雹系统结合起来设计施工（图 2–3）。这样，利用防雹网的主干支架作为扶持系统的部分主干支架，可以节约部分主干架材。

上述工作最好在苗木栽植前准备就绪。

图 2–2　建园时建好扶持系统和微喷系统的果园

图 2–3　规模化果园栽树时进行防雹网结合扶持系统建设

1. 矮化果园未设立支架的原因

图 2-4　未设立支架系统的矮化果园

目前的生产中，规模以上果园在建园时都会首先设立支架系统。但农户自家建的几亩、十几亩果园，大多未设立支架，一是由于农户拿不出投资建设支架，导致树已经定植几个月了，却连一根支撑杆也未插，苗子长得东倒西歪；二是由于农户对设立支架的意义缺乏认识（图 2-4）。

2. 设立了支架却废弃不用

有些果园可能是政府补贴建设了支架系统，但果农连支撑杆也不愿投资，导致支架系统弃用，果园荒废。加上不正确的整形修剪方法，使矮化苹果早结果、早丰产的特性丧失，甚至早早毁园，造成投资和资源浪费（图 2-5）。

图 2-5　废弃的支架系统

（二）无支架矮化栽培模式

由青岛市农科院在21世纪初选育的新型无融合苹果半矮化砧木——青砧，以其砧穗亲和性好，生长整齐一致；根系发达，固地性好；干性强，萌芽率和成枝力强，分枝角度自然开张，成形快；结果早，产量高；抗逆性强、适应性广等优点，近年来在我国干旱半干旱地区推广较多，可实现免支架栽培，降低建园成本（图2–6）。特别是近几年该模式在新疆的戈壁盐碱地上栽植也表现良好，显示出极强的抗逆性和适应性。

图2–6　瑞雪/青砧无支架栽植矮化苹果

第二节　苗木的选择

苗木是建园的基础，质量优良的苗木更是建立优质高产果园的前提条件和重要保证。因此，在计划建园时，首先要考虑苗木问题。应该根据当地气候及生态条件，尽可能选择适合当地栽植且市场销售情况良好的优良品种。同时，要选择苗木砧木纯正，生长健壮，符合出圃标准的优质苗木。一般来说，在苗圃培育两年以上的矮砧苗，大多都能抽生出细小的分枝，这种带分枝的苗木有利于早结果早丰产，是建造矮化苹果纺锤形和圆柱形树形最理想的苗木。

应该特别指出的是，我国过去长期采用两年生矮化苗建园，这种两年生苗在苗圃培育时间短，基本是无小分枝的光杆苗或分枝很少的苗木，而且树干细弱，高度也往往不够，需要定干以延伸主干高度和抽生分枝，这样一来，延迟了树体成形时间，也难以实现三年投产见效的目标。

综上所述，追求提早成形、提早结果、提早收益的建园者，最好选择三年生带分枝的优质大苗建园。

一、砧木选择

（一）根据砧木的矮化性状选择

矮化砧根据其矮化程度分为极矮化、矮化、半矮化、半乔化等，要根据园区规划来选择适宜的矮化砧木类型。比如 M26、M9 属于矮化砧，M7、MM106、青砧 1 号属于半矮化砧。

（二）根据砧木的适应性选择

不同砧木的适应性不同，应根据当地的气候和立地条件选择符合当地条件的砧木类型。比如 M26 适合在土壤条件好，有灌溉条件的地区栽植；而青砧系列则具有较强的适应性，即使在戈壁沙漠也能很好地生长。

另外，从苗木生产方式上来分，矮化苗还分为矮化自根砧和矮化中间砧。它们的生产方式不同，自根砧苗比中间砧苗的长势也要稍强一些。

二、品种选择

（一）根据果实成熟期选择

苹果的成熟期分为早熟、中熟、中晚熟和晚熟等，建园时要根据当地气候条件、市场情况和建园规模等因素，合理选择不同熟期的品种，将主栽品种和授粉品种合理搭配，同时，也要考虑品种之间的花期是否相遇以及相互是否授粉良好等问题。

（二）根据砧穗亲和力选择

不同砧木与不同品种之间的亲和力也是有差异的，亲和力好的砧穗组合，其生长比较健壮，亲和力差的砧穗组合，其生长势就会弱些。在选择苗木时要看砧穗接合部是否愈合良好，有没有出现品种粗砧木细的小脚现象等。

第三节　苗木定植

矮化苗木的定植方法与其他苗木栽植大体相同，一是要掌握好矮化砧的入土深度，二是需要设立扶持系统。

一、苗木的采购出圃和存储

（一）苗木出圃

确定好苗木供应商以后，一定要对苗木的出圃时间、包装储存方式等予以明确。生产商按要求时间起苗以后，要对苗木迅速蘸上泥浆，然后按一定数量打捆，用塑料布包裹根部，放在背阴避风处保存，以防风吹日晒失水。

（二）苗木存储

采购回来的苗木，如果根部蘸了泥浆且包裹完整，可直接放入库温 0~3℃的冷库中保存。如果是裸根苗，应蘸泥浆处理，然后放入冷库保存。若无冷藏条件，则应选择在背阴避风处挖坑或壅土埋根进行保存。

二、苗木定植

（一）开沟施肥

对秋季没有施基肥的果园，栽前应先用开沟机开沟，开沟深度 50 cm，宽度 50 cm，然后将有机肥和翻出的土混匀后进行栽植。对秋末已经施入基肥的果园，直接定点挖坑定植即可（图 2–7）。

图 2–7 机械开沟

（二）苗木浸水

栽植前应将苗木在临时挖出的水坑里放置 24 h，保证根系吸足水分（图 2–8）。

图 2–8 苗木栽植前浸水 12~24 h

（三）栽植

栽植前将浸在水坑里的苗木取出，对根部进行修剪整理，对过长的主根和劈裂的侧根进行剪截修整，剪掉树干上 60 cm 范围内不需保留的分枝，对储运过程中折断的分枝进行剪截修整，对所有剪口用封剪油封口以防失水（图 2–9）。

图 2–9　栽植前要对苗木进行剪修整理

栽植时先拉上行线，根据规划的株距再用线定点挖坑栽植。栽植时应先在每坑施入 0.5 kg 磷肥与土拌匀，然后将苗木根系舒展放入坑中。嫁接口统一朝南，将自根砧或中间砧栽直，再分层填土并踩踏紧实，以防浇水后倾倒（图 2–10）。

图 2–10　栽植苗木

（四）浇定植水

栽植当天就必须浇定植水，每棵树浇 30 kg 即可。浇水后要壅些干土将树扶直，隔 5 d 左右再浇一次水，等分墒后即可整树盘覆地膜（图 2–11）。

（五）整树盘覆地膜

对干旱地区来说，栽植后第一年保证苗木成活是顺利建成果园的第一关。由于这些地区缺水，农户建园无法承担远距离引水的资金，所以，只有在建园栽植时通过人工取水浇上一次水，此后大多就靠雨水灌溉。如何在缺水的情况下通过农艺措施保墒和充分利用自然降雨集聚雨水，保证苗木成活，是非常重要的问题。

覆膜是上述地区果农在春季建园时采取的提高地温和最经济有效的保墒积雨措施。图 2–12 和图 2–13 是五月一次短时降雨后的情形，可以看到栽植后将苗木周围修成凹形坑再覆膜，不仅可以保住在栽植时浇的水，而且遇到降雨，还可以很好地集聚地面雨水。

图 2–11　浇定植水

图 2–12　积雨坑

图 2–13　栽植时修积雨坑后覆膜，可有效集聚雨水

三、矮化砧木的入土深度

关于矮化自根砧或中间砧露出地面的长度，在美国矮砧要求露出地面 10 cm 以上，日本要求露出 15 cm 以上。在我国，关于中间砧或自根砧露出地面多少的问题，业内说法众多。有说留 1/3 的，有说留 1/2 的，也有说留 10 cm、

8 cm、5 cm 的，不一而足，生产中难以掌握。

从理论上讲，矮砧露出地面越多，其矮化作用越强。从立地条件上讲，有灌溉条件、土地肥力高的地方，矮砧露出地面应该多些。反之，无灌溉条件、土壤肥力较低的地方，矮砧露地应该少些。不同矮化砧的矮化程度不同，在同一地区的矮化效果也不同。在不同地区，相同的砧穗组合，其矮砧露出地面的长度也不相同，且差异明显。以 M26 中间砧为例，在陕西关中和渭北旱塬地区均露出地面 10 cm，在关中肥水条件好的地区表现树势健壮，而在渭北和陕北干旱地区则树势偏弱。在同一地区，具有灌溉条件的果园，其树势也明显强于无灌溉条件的果园。根据多年观察，作者认为，在矮砧相同的条件下，矮砧入土深度应该主要以有无灌溉条件而定。在北纬 35° 地区，即山西西部、陕西渭北、甘肃陇东一线的干旱地区，有灌溉条件的果园，矮砧露出地面 3~5 cm 为宜；无灌溉条件的果园，矮砧可全部入土，但嫁接口要露出地面；无灌溉条件且肥力较低以及在北纬 36° 以北的陕北干旱寒冷地区的果园，可采取定植时嫁接口入土的方法，待二三年后树势健壮成型时，再刨开覆土露出矮砧。

图 2–14 矮砧露地太多

生产中经常见到无灌溉条件且矮砧露出地面太多，导致果园树势极度衰弱甚至残败的情况（图 2–14），也可以看到矮砧入土导致树体旺长而难以控制的实例。

（一）同一片果园矮砧不同露地高度下树势强弱的对比

图 2–15 是陕西渭北一处六年生的矮化果园，以新品种瑞雪 /M26 中间砧为主栽品种，无灌溉条件。从图 2–15 可以看出，当年栽植时矮砧露出地面太多了，有 20 cm 左右，作为六年生树显然太弱。

再看同一片果园，图 2–16 中前排左侧两棵树的矮砧基本全部入土，但嫁接口露出地面，树势就会强很多，树冠大小是旁边右侧和后排树的 2 倍以上。经对这片果园进行考察，发现凡是矮砧全部入土，只露出砧穗接合部的树，其长势都明显强于矮砧露出地面以上的树，这种现象在渭北地区是普遍存在的。虽然利用矮化砧实现了早结果，但不正确的栽培方式使树体难以达到优质、高效和持续稳产的栽培目标。

图 2–15　矮砧露出地面太高

图 2–16　矮砧不同露地高度树势强弱对比

（二）矮砧全部入土，品种生根果园

图 2–17 是一片富士 /M26 中间砧组合栽植第六年的矮化园，由于栽植过深导致品种生根。可以看到历年来疏除了不少粗大主枝，但树势依然强旺如乔化树难以控制。这棵树正面可见的疏除剪口就达 20 多个（图 2–17），在主干和主枝上也进行了环割，都未能让树势减弱（图 2–18）。

图 2–17 疏除未减弱树势

图 2–18　环割未减弱树势

从图 2–19 中可以发现，同一行的两棵树，左侧这棵品种生根的树长势很旺，从其主枝上抽生出了大量直立徒长枝即可看出来。而右侧这棵树矮砧露出地面约 10 cm，其树势就显得弱了些。

“弱树结果，旺树长柴”是果树生产实践中的经验总结，图 2–20 是矮砧全部入土的情形。图 2–21 也是矮砧全部入土的情形，品种未生根的树木看起来树势稍微有点弱，从主枝的情况看，应该是连年长放结果导致的。由于有灌溉条件，只需对弱的主枝进行适当回缩，合理负载，加强肥水管理即可复壮，没有必要再覆土把矮砧埋起来。由于果农对矮化苹果树生长特性不了解，即使多年来费了很大气力去疏枝、环割也未能控制住旺长的树，令人感到可惜！其实只需将树干基部的土刨开，露出矮砧，切断品种基部生的根，就能很快让树势减弱。

图 2–19 矮砧露地（右树）和全部入土（左树）的树势对比

图 2–20 矮砧全部入土

图 2–21 矮砧全部入土，品种生根的果园

（三）矮砧露出地面过高，堆土覆盖的果园

图 2–22 是陕西渭北某地一片栽植后第二年的果园。由于栽植时矮砧露出地面过高，采取了壅土覆盖的办法，这样做虽然将矮砧埋在了土里，但土堆太小，且独立凸出于地面，使根部受环境影响大，水分和养分蓄积少且易于流失，不易利用到土壤深层的水分和养分，土壤温湿度变化剧烈，即使矮砧生根，在这样浅薄的土层里也难以良好生长。从图 2–22 中可以看出，这是一个规模化果园，已设立了滴灌系统，因此，建议整行起垄，垄宽应在 80 cm 左右，高度以露出砧穗接合部，品种不生根为宜。图 2–23 是起垄栽植的二年生 M26 自根砧矮化树的根系发生分布情况。

图 2–22 矮砧露地过高，不得不壅起土堆

图 2–23 起垄栽植的二年生 M26 自根砧矮化树的根系分布情况

2010年以来，在陕西渭北、甘肃、宁夏、新疆等果区兴起了起垄、覆盖地布的矮化苹果栽培方式。这种栽培方式虽有一定的优势，但会出现根系趋于在地表以上20 cm和地下浅层范围内分布的现象，导致根系受环境因素影响较大，覆盖地布不利于根系气体交换、施肥作业不便等，其对果树正常生长发育的影响还需进一步观察。

（四）矮砧露地过高、无灌溉条件且管理粗放的果园

图2-24是陕西渭北某地春季栽植的一片矮化果园，栽植时矮砧全部露出地面，也未修树盘覆地膜。由于无灌溉条件，加之矮化树根系浅，无法利用土壤深层水分，因此人为浇水或覆膜集雨保墒措施就显得尤为重要。而这些果园定植后仅浇了一次水，此后就只能依靠降雨。在雨水多的年份，果树成活率还尚可，如碰上雨水少甚至干旱的年份，成活率就只有20%~30%，甚至更低，而且当年新梢生长量也很少。图2-25中的树也是矮砧露地过高，树体极度衰弱的情形。

图2-24　矮砧露地太多，未覆膜修集雨坑的果园

图2-25　矮砧露地过高，树体极度衰弱

图2-26是陕西渭北某地一家面积500亩，建成已第六个年头的果园中苹果树的长势情况。该果园按照现代矮化苹果园建园标准建设，唯一不符合标准的是没有灌溉条件，加之矮砧露地约10 cm。果园建成后的前五年没有浇过一次水，树体极度衰弱，且大量成花结果，导致树体衰弱进一步加剧，年新梢生长量大多在10 cm左右，大量结果枝甚至无新梢生长。尽管第四年采取了起垄覆土的办法将中间砧埋入土中，但由于连年不浇水，又连年结果，果园已衰弱到毁园的地步。

图 2–26　五年生衰弱果园现状

由此看来，是否正确掌握矮化砧露地高度是关系到果树正常健壮生长和持续稳定产出的重要因素，应予高度重视。同时，建园前先解决灌溉问题也是建园成功的关键因素，尤其是规模以上果园，更要将其视为重中之重。目前新建规模化矮化果园大多已经采取水肥一体化、自动检测土壤湿度定量滴灌技术等。而小面积建园在很多地方仍未解决灌溉问题，这是一些矮化果园建园失败的主要因素。人们常说“水果水果，无水不栽果”，这对矮化树而言是有道理的。图 2–27 是管理得当的三年生正常果园第四年春季开花的情形。

图 2–27　三年生正常果园第四年春开花的情形

第四节　定植后修剪

定植后修剪的主要目标就是定干和疏除粗度大于主干粗度 1/3~1/2 的主枝和着生位置过低、过高的主枝及对生轮生枝，保证主干健壮延伸生长。

对矮化树而言，由于其栽植密度大，单株主枝数量多，大多采取主干形树形，主枝分布无需明显分层。图 2-28 是未定干树的生长情形。定干有一定的好处，定干一是为了保证在苗干 60 cm 以上部位的饱满芽都能萌发，二是希望主干能强健延伸。但如果对不同高度和长势强弱的苗木一律按统一的高度定干则会对树形构建造成不良影响。如果对一级苗定干，会造成部分饱满芽被剪掉造成损失，还会使主枝出现分层现象，且剪口下 3~5 个分枝与主干延长枝属同龄枝，没有枝龄差，分枝角度也小，常呈抱头状生长，易与主干延长枝形成较强竞争，导致主干延长枝变弱，不利于建成强健的主干。保证有一个强健的主干是矮化苹果树整形修剪最重要的基础。实践证明，不恰当的定干会延迟树体的成形和结果时间，并且给整形带来诸多问题。

图 2-28　细纺锤形树形未定干的主干上芽萌发

作者经过长期实地观察认为，以往有关资料和实践中关于细纺锤形树形整形中关于定干的措施值得商榷。作者认为，栽植一级大苗时，即树干中部粗度在 1.2 cm 左右，高度 1.5 m 以上的苗木，在栽植时，不论有无分枝，均无需定干，有分枝的苗木只需将粗度大于主干粗度 1/2 的分枝留桩剪截即可。这样的苗木经过一年的生长，一般在正常管理条件下，无分枝苗当年即可抽生出多个平斜生长的羽毛状小枝，在这些新梢长到 30 cm 以上时，用开角器开张角度，早果品种当年即可形成花芽，实现定植后二年见果，三年有一定产量，四五年丰产的目标，树体也会非常匀称协调，三到四年就能基本建成理想的细纺锤形树形。带分枝栽植的苗木，当年春季对 30 cm 以上的分枝用开角器开张角度，当年即可形成花芽，实现定植后第二年结果。

第五节 定 干

一、定干后的修剪反应评价

（一）栽植时定干，当年夏初新梢抽生情况

图 2-29 是定植后进行了定干，当年五月中旬的生长情况。可以看到在剪口下发出了五个直立向上生长的分枝，这些分枝与主干延长枝属同龄枝，粗度接近，若保留，会对主干延长生长形成严重抑制，使主干变弱；若剪除，则造成枝芽浪费，延迟了树体的成形和结果时间。

（二）栽植时定干，当年冬剪时保留了竞争枝的情形

图 2-30 是宁夏吴忠一个规模化矮化苹果园，栽植时对苗木定了干且定干较低的情形。可以看到在定干剪口以下抽生出的四五个分枝，在当年冬剪时全部保留了下来，并在第二年春季强制进行了拉枝处理。这样处理会导致如下几个问题产生：第一，所有剪口下的分枝距离地面都太近，结果后枝条前端的果实很容易拖在地面上，致使果实外观差，管理作业也不便；第二，剪口下的几个分枝距离较近，粗度与主干的粗度接近甚至超过主干粗度，易形成“卡脖”现象，严重抑制上部主干的正常生长，致其长势变弱。如果连续在冬剪时对主干延长头进行不恰当的剪截，则会造成主枝分层脱节，无法培养足够数量的主枝。

图 2-29 定干后的修剪

图 2-30 栽植时定干，第二年秋季的生长情况

在栽植的苗木太弱且高度不够的情况下，可在饱满芽处剪截，萌芽后在新梢强弱可以辨别时，保留剪口下第一个新梢作为主干延长枝，对其下第二、第三个与主干延长头易形成抑制和竞争的萌芽及时抹去。这样，在正常管理的情况下，这个保留的萌芽能长到 1 m，甚至抽生出二次枝。在当年冬剪时对主干延长枝根据其长势的强弱决定是否剪截。

二、不定干苗的萌芽

（一）无分枝苗未定干，当年春季的萌芽情况

图 2-31 是栽植光杆苗时未定干的萌芽情况，图 2-32 是栽植时该果园当年 5 月果树的生长情况。从图中可以看到，这棵苗木虽然是光杆苗，但粗度和高度接近一级苗的标准，树干下部 30~40 cm 范围内有些芽未萌发，上部的芽大都萌发了。这些芽经过一年的生长，到生长期结束，大约可以形成十几个长度超过 50 cm 平斜生长的分枝。冬季修剪时只需疏除树干上分枝和主干上超过主干粗度 1/2 的分枝，来年春季萌芽后及时拉枝到水平角度以下，当年即可形成花芽，实现第三年结果的目标。所以，按照细纺锤形和高纺锤形整形，在栽植一级苗的情况下，建议最好不要定干！

图 2–31　不定干苗萌芽后

图 2–32　栽植时不定干果园当年五月的情况

（二）有分枝苗不定干，当年春季的萌芽情况

图 2–33 是在当年春季萌芽以后看到的定植时带分枝大苗且未定干的情况。可以看出，这是一棵栽植时有十多个分枝、高度超过 1.5 m 的大苗。分枝粗度也不大，角度开张，没有枝的光杆部位的芽也大都萌发了，主干的长势也比较强健。这样的苗木到生长季结束时，可以形成 15 个左右分枝，主干高度也会达到 2.5 m，整个树形会非常匀称丰满。

图 2–33　定植时不定干的苗木在当年萌芽后的状况

如果定干，则中部以上就会形成几个较旺的与主干延长枝同龄的、不适于保留的竞争枝，下部几个枝也会很快加粗变旺，不易控制，进而使中部受到抑制而形成光秃带，使树形建造变得困难并延迟结果。

所以，对矮化苹果树定不定干，取决于如下几种情形：第一，如果栽植的是带分枝的健壮大苗，一定不要定干！只需疏除超过主干粗度 1/2 的分枝即可。如果苗木虽有分枝，但主干延长头太弱，则需要在延长枝饱满芽处进行剪截，以促使主干健壮延长生长；第二，若栽植不带分枝的光杆苗，在苗木充实健壮，高度在1.5 m以上的情况下，不要按同一尺寸去定干。这样的苗木当年即可发出多个角度平斜且不太粗壮的小分枝，这些羽毛状的小分枝对细纺锤形和高纺锤形树形的构建是非常理想的。当然，较弱且无分枝的光杆苗仍要在饱满芽处剪截，以促生较强主干。

第六节　定植后修剪实例图解

一、光杆苗定植后修剪

（一）较健壮光干苗定植后修剪

1. 树形评价

过去，我们曾一直强调大苗建园，但生产中长期栽植的大多是光杆苗，这延迟了果树栽植后成形和初结果的时间。到了2010年以后，现代矮化苹果发展进入到规模化快速发展的时期，分枝大苗建园才被追求早日投产见效的投资者们重视起来。但由于苗木市场供给不足，缺乏带分枝的大苗，导致利用光杆苗建园的情况依然普遍存在，因此给果树的整形修剪和早结果带来诸多不良影响。首先，这种无分枝的光杆苗明显延迟了树体成形和初结果时间；其次，由于不正确的定干和管理措施，果实易形成“卡脖”现象，主干延长枝衰弱，难以如期建成均衡丰满的树体结构，达不到预定的有效结果单元，明显制约

图2–34　不定干树

图2–35　不定干树萌芽情况

了果园整体产量和效益的提高。

图 2–34 这棵苗木的高度在 1.5 m 左右，是嫁接后仅在苗圃生长了一年的苗木。尽管如此，这棵苗木在不定干且正常管理的情况下，主干上大多数的芽均可萌发，栽植当年即可在主干整形带范围内抽生出十多个羽毛状平斜生长的小枝（图 2–35）。这些小枝与主干的枝龄相差一年，一般不会对主干的强健生长造成抑制，有利于纺锤形或圆柱形树形的建造。

2. 修剪建议

切记：不要剪截定干！只需将倾斜的树干扶直绑缚在设立的扶持杆上，确保主干垂直生长即可。

（二）弱的光杆苗定植后修剪图例

1. 树形评价

如图 2–36 所示，对于高度达不到 1.5 m 且细弱的苗木，还是必须定干，以促使主干强健延伸。

2. 修剪建议

不用考虑具体的高度尺寸，选择在饱满芽的上方进行剪截即可。但要在萌芽后，及时选留主干延长头，并剪除其下第一个和第二个竞争的芽或新梢，保证延长头正常延伸。生产中有很多果园对延长头下的几个竞争枝采取强拉枝的办法试图保留利用，但最后都形成了“卡脖”现象，导致延长头衰弱。修剪后如图 2–37 所示。

图 2–36　修剪前　图 2–37　修剪后

（三）弱的光杆苗定植后修剪实例

1. 树形评价

如图 2–38 所示，在苗圃期间顶芽因虫害或其他原因，导致苗木上部细弱弯曲并发出二次枝形成主干延长头。如果不重新定干，只是在上部出枝，但是中下部应该出枝的部位却发不出枝，这样的苗木也很难培养出健壮的主干来。

2. 修剪建议

从系黄绳处的饱满芽上方剪截，一则可以保证延长头正常延伸，二则剪口下方的芽也会萌发，但仍要记得在萌芽后及时剪除剪口下的两个竞争枝芽。修剪后如图 2–39 所示。

图 2–38 修剪前

图 2–39 修剪后

二、带分枝苗定植后修剪

（一）苗木中部有较大分枝

1. 树形评价

图 2–40 中这棵带分枝苗的树生长并非都很理想。在二年生的苗木中，也会有带分枝的苗木，这些分枝着生的部位和粗细强弱可谓千姿百态，但大部

分是不能保留的。

图 2-40 是树干弯斜、中部两个分枝较强的苗木，此苗木上这两个较强的分枝会与主干形成竞争，甚至比主干还强，下部三个分枝也显得偏低。

2. 修剪建议

修剪时要剪除中部两个分枝。对下部几个枝若要保留，也应将右侧上面比较强的枝剪除，以免形成“卡脖”现象，削弱主干的生长。同时要设立扶持杆，把偏斜的主干牵引绑缚在扶持杆上。修剪后如图 2-41 所示。

图 2-40　修剪前

图 2-41　修剪后

（二）上部有对生主干竞争枝的苗木

1. 树形评价

如图 2-42 所示，这棵树上部发出了较强的分枝，它与主干延长枝同龄，粗度与主干延长枝接近，削弱了主干延长头的生长，也抑制了下部芽的萌发。

2. 修剪建议

修剪时不要保留这两个分枝，坚决留桩剪除。同时，设立扶持杆，将弯曲的主干绑缚在扶持杆上。修剪后如图 2-43 所示。

图 2-42 修剪前

图 2-43 修剪后

（三）一侧有较粗分枝的苗木

1. 树形评价

图 2-44、图 2-45 和图 2-46 中的苗木一侧着生有粗度和主干接近的分枝。这类分枝如果保留，会严重削弱主干的正常生长，还会抑制其他芽的萌发，无法建成良好的树形。

2. 修剪建议

修剪时要全部留桩剪除这些分枝，把倾斜的主干扶直绑缚在设立的扶持杆上，主干延长头不要剪截。

（四）基部树干上有较粗分枝的苗木

1. 树形评价

图 2-47 和图 2-48 的两棵树是从树干基部抽生出分枝的情形。这两棵树在管理精细的苗圃生长初期，就应该抹去从底部发出的萌芽，如此一来，苗木会长得更健壮一些。

2. 修剪建议

修剪时对这些树干基部较粗的分枝要及时剪除，也不要留桩。

图 2-44　修剪前

图 2-45　修剪前

图 2-46　修剪前

图 2-47　修剪前

图 2-48　修剪前

（五）分枝部位较高的苗木

1. 树形评价

图 2–49 中这棵树整体来看，中部分枝数还算不错，主干也比较挺直健壮。但是上部分枝部位太高，其中部的两个分枝也稍粗。

2. 修剪意见

修剪时要剪除中部这两个较粗的分枝和顶部左侧的枝，对其下部应该出枝部位的芽也要在萌芽以前进行刻芽处理。修剪后如图 2–50 所示。

图 2–49　修剪前

图 2–50　修剪后

（六）顶端多个分枝与主干延长枝形成竞争的苗木

1. 树形评价

图 2–51 是主干顶部抽生多个主干延长头竞争枝，而中、下部没有发出分枝的情况。若保留这些分枝，主干延长头便不能正常生长，中、下部受到抑制也难以抽生分枝。

2. 修剪建议

修剪时应保留原主干延长枝，其余分枝全部疏除。这样处理，不仅保证了主干延长头的正常生长，还有利于下部芽萌发。但切记不要对延长头进行剪截，否则，还会出现这种只在上部发枝的情形。修剪后如图 2–52 所示。

图 2-51　修剪前

图 2-52　修剪后

（七）定植时主干倾斜的苗木

1. 树形评价

图 2-53 的这颗树是主干严重倾斜的例子。这是在苗圃嫁接之后剪砧较迟或是基砧歪斜生长造成的。这种斜生的苗木如果不扶直，一般只有上侧的芽可以萌发，下侧的芽则不易萌发成枝。

2. 修剪建议

应该设立扶持杆，将主干绑缚在扶持杆上。修剪后如图 2-54 所示。

图 2-53 修剪前

图 2-54 修剪后

（八）比较理想的一年生带分枝苗

1. 树形评价

图 2–55 的这棵苗木算是比较理想的带分枝大苗，大小分枝有近 20 个，主干也比较端正挺直，但是在树干段发出了不少枝，中部也有几个枝稍显粗。而且中间砧露地太高，可能是预留的起垄高度，但是过高。

2. 修剪建议

不用留桩剪除砧穗接合部以上 60 cm 内的全部枝条，只需留桩剪除中部几个较粗的分枝，主干延长头不要剪截。修剪后如图 2–56 所示。

图 2–55　修剪前

图 2–56　修剪后

定植后修剪技术要点小结

定植后修剪的关键技术要点是解决好定干问题：

（1）无论是带分枝苗还是光杆苗，建议定植后不要按同一高度去定干，而应根据树苗的具体情况灵活决定是否需要定干和从哪里定干。

（2）对于光杆苗，苗干健壮、高度在 1.5 m 以上、春梢饱满芽分布在树干 60 cm 以上部位的苗木，建议不要定干，这样可以促使整形带上大部分饱满芽萌发，形成与主干有一年枝龄差的羽毛状小枝，这些角度平斜且不太强的小主枝，对细纺锤形树形的建造是最理想的；对苗高在 1.2 m 以下比较细弱，饱满芽分布位置较低的苗木，可在苗干饱满芽上方剪截，在萌芽后及时抹去 60 cm 以下树干上的芽，在剪口下新梢强弱可辨时保留一个强的芽做延长头，其下第二、第三新梢剪除。切记：定干的目的是尽可能多地保留整形带范围内可发生枝条的芽，保证剪口下芽能抽生健壮的主干延长头，而不是机械地按同一高度去剪截主干。

（3）对带分枝苗，首先要剪除粗度大于主干粗度 1/2 的大枝和对生、并生、轮生“卡脖”枝以及着生部位过低的分枝，留下的分枝在萌芽后树液流动时开张角度；对主干延长头较弱的苗木在分枝以上选饱满芽上方剪截，同样要在强弱可辨时选留强梢带头，其下第二、第三新梢剪除。

（4）及时将主干及其延长枝绑缚在扶持杆上。

第三章 一年生树的整形修剪

第一节 理想的一年生树

一、理想的一年生树的基本标准

理想的一年生树如图 3–1 所示，基本标准为：

（1）树高 2 m 左右，主干挺直健壮；

（2）分枝 10 个以上，长度 50 cm 左右，分布合理，角度开张；

（3）新梢充实，中庸不旺长。

二、整形修剪要点

（1）疏除重叠枝、对生枝、轮生枝和粗度大于主干 1/2 以上的分枝和着生部位过低的分枝，对需要重新出枝的留桩剪截，不需要出枝的从基部疏除。

（2）所有选留的一年生分枝一律不要打头，但栽植带分枝苗的分枝属于二年生枝，要促使二年生枝段萌发中短结果枝，就得在一年生枝的春秋梢交界处以上留几个瘪芽剪截，如果一味长放不剪，尤其是富士，会在先端秋梢上形成一些不充实的腋花芽，内部枝段上的芽则难以萌发。

（3）主枝未拉枝开张角度的，在来年春季萌芽后树液流动时要拉枝开角。主干延长枝不要剪截，只疏除竞争枝即可，保证延长头健壮生长。

图 3–1 比较理想的一年生树

第二节　规模化果园一年生树整形修剪

本节拟选取一个具体果园为案例，根据其定植当年树体管理采取的措施、当年冬季修剪遵循的原则和次年生长季的生长反应，来评价细纺锤形一年生树的整形修剪技术要点。

一、果园基本情况

图 3–2 是位于陕西渭北一处定植后第二年四月初的矮化果园。定植的苗木有带分枝的，也有不带分枝的光杆苗，砧穗组合为富士系品种 M9–T337 自根砧，株行距为 1.0 m × 3.5 m。

在定植前，该园已建成较完善的支架系统和灌溉系统，也对苗木进行了 24 h 浸水和整理，剪除了着生过低和较粗的分枝，但并不彻底，依然保留了较多粗度超过着生部位主干粗度 1/2 的分枝。定植时矮砧露出地面 3~5 cm，定植后未定干。该园制订的管理原则是较高水平的肥水投入，对树体只保证将主干延长枝及时绑缚在支撑杆上（图 3–3）。为了节约用工投资，对树体实行简化管理，对所有分枝不拉枝开角，放任生长。冬季修剪只剪除个别较粗分枝，其余分枝和主干延长枝均长放不剪。

图 3–2　栽植一年后第二年四月的矮化园

图 3–3　在自制平台上绑缚主干延长枝

二、休眠期整形修剪存在的问题

图 3–4 是该园冬季修剪结束后，作者对具有代表性的几棵修剪后的树拍的照片，在电脑上用图片编辑软件按照细长纺锤形的基本要求进行修剪后的

模拟图。目的是提供另一种认识和理解，用以传达矮化苹果主干形树形建造中最基本的技术要点，诸如对主干建造原则、主枝选留的数量及粗度和分布要求、分枝开张角度等方面基于基本理论的认识、理解和把握，正确与否，尚需生产者在各自的管理实践中去观察验证。

果树是一个活的生命体，其个体在栽培实地的表现也是千姿百态，整形修剪方法不同，则会表现出不同的生长状况，这是果树自身生物学特性和生长发育规律决定的。栽培者只有掌握这些特性和规律，去指导自己的生产实践，才能取得理想的经济收益。违反这些特性和规律，则可能会减少经济收益。

图 3-4　冬季修剪后的果园

三、一年生树整形修剪实例

（一）冬剪时保留了较粗主枝的情形一

1. 树形评价

当年冬季修剪时，将几个较粗的分枝全部保留了下来，第二年中部几个光秃带上不会抽生新梢；顶部几个着生比较集中且与主干延长头同样粗度的小主枝也未疏除，会使主干延长枝变得更加细弱。

2. 修剪建议

对图 3-5 中中下部这五个粗的主枝要予以疏除，左侧这两个主枝看起来比较细弱，但分布在同侧，保留下来会使树冠不均衡，最好也全部疏除；主干延长头被四五个枝卡着而变得细弱，应该全部疏除，延长枝也要在饱满芽上方剪截。这样一来，这棵树就成光杆了，但要构建一个主干强健，主枝数量足够的细纺锤形树形，这种“抹光杆”的方法是比较有效的。如果是瑞阳、瑞雪这些易成花的品种，当年发枝当年成花，来年即可结果。修剪后如图 3-6 所示。

图 3-5　修剪前

图 3-6　修剪后

（二）冬剪时保留了较粗主枝的情形二

1. 树形评价

图 3-7 中有五个主枝粗度接近主干的粗度，特别是中部对生的两个较粗的分枝对主干延长枝形成了较强抑制，如果保留下来会使上部进一步变弱。

2. 修剪建议

应疏除掉中部对生的两个枝；下部的三个分枝粗度超过了主干粗度的 1/2，易形成“卡脖”现象，要坚决予以疏除；主干

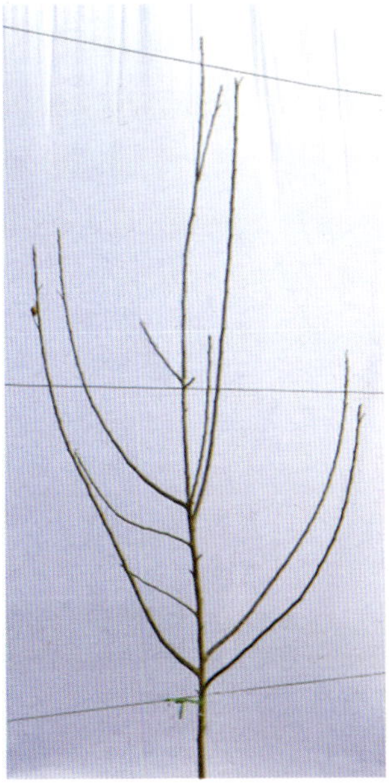

图 3-7　修剪前

图 3-8　修剪后

延长枝太弱，应在饱满芽上方剪截，否则只会在顶部发出几个较弱的分枝，其下的主干上不会发出枝来。修剪后如图 3–8 所示。

（三）冬剪时保留了较粗主枝的情形三

1. 树形评价

如图 3–9 所示，这是普遍存在的问题，看到栽植当年的树上长出这样几个大枝，很多人是不舍得把它们剪掉的。但对细纺锤形和高纺锤形这两种树形来说，则是不好的现象。多达六个与主干一样粗的分枝集中在下部约 20~30 cm 的范围内，而且在第二年生长季节还会继续加粗生长，这必然严重抑制其上部主干延长枝上芽的萌发，形成大范围光杆，中上部主干延长枝也不会很健壮。

2. 修剪建议

保留这样的分枝，中上部主干会继续衰弱，也不容易抽生理想的分枝，不如“抹光杆”，疏除全部分枝；主干延长头从春秋梢交界处以下剪截，促使中部发枝。修剪后如图 3–10 所示。

图 3–9　修剪前

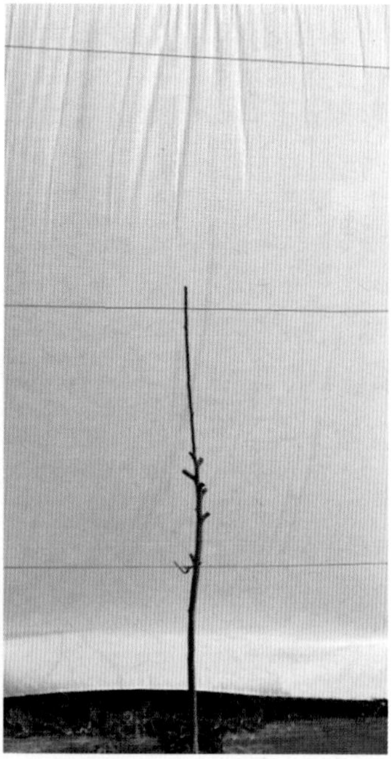

图 3–10　修剪后

（四）冬剪时保留了多个粗大主枝的情形四

1. 树形评价

图 3–11 是看起来比较理想的一年生树。但是有几个分枝太粗，对中上部形成了抑制，特别是中部两个接近对生的分枝几乎和主干一样粗，对上部主干延长枝形成了“卡脖”现象。

2. 修剪建议

这种树形修剪起来较简单，首先将上部左侧较强的主干延长头竞争枝和中部接近对生的两个较强分枝留桩疏除；左侧下部第二个枝也较粗，应予以疏除；右侧下部的枝不但粗，而且着生部位也低，可不留桩疏除；主干延长头在饱满芽上方剪截。

重要提示：来年开春萌芽后树液开始流动时，一定要把留下的几个主枝角度拉到水平以下。修剪后如图 3–12 所示。

图 3–11　修剪前

图 3–12　修剪后

（五）中下部主枝过粗主干较弱的情形

1. 树形评价

图 3–13 是定植时保留了几个与主干同龄且较粗分枝的结果。经过一年的加粗生长，其右侧上部分枝的粗度甚至已经超过了主干延长枝，右侧下部第一个枝和左侧下部两个枝的粗度也接近主干的粗度了，这样的枝若继续保留，

将对主干上部形成更严重的抑制，从而使主干及延长头进一步衰弱。

2. 修剪建议

要保证一个健壮的主干，必须疏除过粗的主枝，否则中上部会继续弱下去，最终形成半截树。修剪后如图 3–14 所示。

图 3–13　修剪前

图 3–14　修剪后

（六）一侧保留了较粗主枝的情形

1. 树形评价

图 3–15 中右侧的三个主枝太粗，中上部的两个枝也对主干延长枝的生长产生抑制作用，使主干延长头变得细弱。

2. 修剪建议

疏除这些大枝，才能保证树体上下均衡生长。主干延长枝也应剪截，促使下部发枝。修剪后如图 3–16 所示。

（七）栽植时和冬剪时未剪除树干上较粗分枝的情形

1. 树形评价

图 3–17 是栽植时没有剪除树干上大的分枝，冬剪时又保留下来的情形。可以看出这个分枝比主干的粗度还大，加之距离根部较近，水分营养得到优先供应，其生长势比上部主干强，从而抑制了主干中部芽的萌发而形成光秃带，

并且主干头部也太弱。

2. 修剪建议

因左侧的枝着生部位太低，故应不留桩剪除；上部几个小枝如果保留也会抑制中部光秃带上芽的萌发，应留桩剪除，这样来年会在中部及以上部位抽生出多个平斜生长的理想的细分枝；主干延长枝太弱，还要在春梢饱满芽上方进行剪截。修剪后如图 3–18 所示。

图 3–15　修剪后

图 3–16　修剪后

图 3–17　修剪后

图 3–18　修剪后

（八）主干一侧着生多个分枝的情形

1. 树形评价

如图 3-19 所示，主干一侧着生了三个较粗分枝的树是很难建成理想树形的，加之其粗度几乎与着生部位主干的粗度相当，会对其他芽的萌发形成极强抑制。

2. 修剪建议

应全部留桩疏除，主干延长枝也太弱，要从饱满芽上方剪截。修剪后如图 3-20 所示。

（九）中下部一侧保留较多粗壮主枝的情形

1. 树形评价

图 3-21 中这棵树仅中下部的分枝就达十多个，且右侧五个枝重叠分布，既不合理，又对上部主干延长头形成抑制，使主干延长头变弱，其中下部芽未萌发，且未及时绑缚在支撑杆上，应该从箭头所指部位留桩疏除。

2. 修剪建议

虽然已是四月下旬，还是建议将箭头所指的几个粗度接近主干粗度的主枝留桩剪除，其他枝可以从春秋梢交界处“戴活帽”剪截，以促使中下部的芽萌发；枝条的角度也要尽快拉开大于 90°，到当年冬季修剪时再考虑取舍；歪斜的主干延长头要尽快绑缚在支撑杆上，并在饱满芽处剪截，主干上的花也要提早疏除。

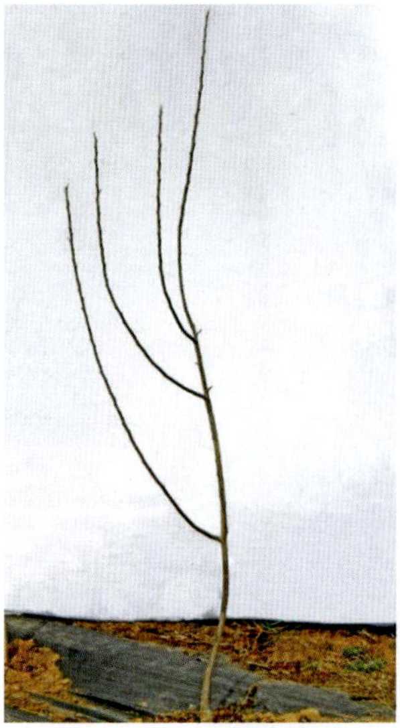

图 3-19 修剪前

图 3-20 修剪后

图 3-21 右侧保留主枝太多

（十）下部保留了较粗主枝，下强上弱的情形

1. 树形评价

图 3-22 的左图是右图蓝色框部分的放大图，这棵树的下部有两个主枝太粗，原因是它们分叉了才导致基部加粗。主干延长头太弱，只有顶芽萌发。

2. 修剪建议

剪除左图箭头所指的这几个较粗的枝；主干延长枝从春梢饱满芽处（右图箭头处）剪截，促发新梢，而且越早越好，否则过了春梢旺长期，不利于新梢抽生生长；保留下来的主枝要从春秋梢交界处“戴活帽”剪截，并提早拉枝开张角度。

图 3-22　下强上弱的树

（十一）分枝部位过高，主枝过强的情形

1. 树形评价

图 3-23 中这棵树的分枝部位太高，约有 1 m；箭头所指的几个主枝太强，高度已经超过了主干延长枝，严重抑制了主干延长枝的正常生长。

2. 修剪建议

尽管已经进入生长季节，但这样的树如果不处理，就很难实现当年的整形目标。所以，必须坚决将这几个箭头所指的主枝留桩疏除，其他保留的主枝拉至水平以下并从春秋梢交界处“戴活帽”剪截；将歪斜的主干延长枝绑缚在支撑杆上，并在春梢饱满芽处剪截，疏掉主干上已开的花；对主干下部未发出枝

条的大约 40 cm 范围内的芽采取刻芽目伤或涂抹发枝素等办法促发新梢。

（十二）中部强，上、下弱的情形

1. 树形评价

图 3-24 中这棵树的中部左右两个对生的主枝太粗太强，导致其下部分枝数不足，主干延长头变弱。

2. 修剪建议

这棵树的修剪其实比较简单，只需把这两个强枝留桩疏除，其余主枝拉开角度，将主干延长头从箭头所指部位剪截，绑缚在支撑杆上即可。

图 3-23　分枝部位过高

图 3-24　中部对生主枝太粗

（十三）在主干一侧保留了两个重叠主枝的情形

1. 树形评价

图 3–25 中这棵树只在一侧发出两个重叠枝，且粗度大，分枝部位过高，对下部芽的萌发成枝和主干延长头的健壮生长都产成抑制。

2. 修剪建议

对右侧这两个枝留桩剪除，可以促进其下部芽萌发成枝；对主干延长枝从春梢饱满芽处剪截，以促使其下光秃部位芽的萌发。实践中很多人会因舍不得去掉右侧这两个已经有花芽的分枝而将其保留下来，这样一来，这两个枝会进一步加粗生长，导致其下主干上的芽迟迟难以萌发成枝；主干延长枝如果不剪截，顶部的花结果后也会对其下部光秃部位的芽形成抑制而不易萌发成枝甚至会将主干延长头压弯，很难建成一个均衡丰满的主干形树形。

（十四）在主干一侧保留了多个重叠主枝的情形

1. 树形评价

图 3–26 这棵树在右侧相同方位保留了六个重叠分枝，导致其他方位出枝很少，形成偏冠。主干延长头长势也较弱。

图 3–25　主干一侧发出两个重叠枝

图 3–26　主干一侧发出多个重叠枝

2. 修剪建议

右侧这几个分枝要从箭头所指部位疏掉，才能削弱其对对侧和上部的抑制，保持主枝的合理间距和树冠的大体均衡。

（十五）主干延长头保留了较强竞争枝的情形

1. 树形评价

图 3-27 中这棵树在冬剪时，对主干延长头的两个竞争枝只剪去了其中一个，保留了较强的一个，使头部形成了双股杈，即双头并立，这是极不合理的。

2. 修剪建议

按理应该剪去左侧的竞争枝，但这样会造成延长头下部形成接近对口的伤口，会严重抑制延长头的正常生长。所以应该换头，去掉右侧原本的延长头，并将留下的延长头枝绑缚在支撑杆上，保证其直立生长。

（十六）下部多个主枝轮生形成“卡脖”现象的情形

1. 树形评价

图 3-28 中这棵树下部有五个主枝轮生，对主干造成“卡脖”现象，其左右两侧上部的两个主枝不仅保留了侧枝，而且下部近一半长度的主枝光秃，长度也快和主干延长头一样高。主干受这些又粗又长的主枝抑制，在中下部形成了两段光秃带，主枝的数量也明显不多。

图 3-27　双股杈

图 3-28　主枝轮生

2. 修剪建议

这棵树在冬剪时至少应该剪除下部最粗大的两个主枝和中部右侧这个主枝，而且一定要拉枝。否则，这两段光秃带上不会发出枝条来，随着下部主枝进一步增粗，主干会进一步衰弱。修剪时延长头应从饱满芽上方剪截，主枝从春秋梢交界处“戴活帽”剪截，不要保留主枝上的长侧枝，保持主枝单轴延伸。

（十七）中部轮生枝“卡脖”的情形

1. 树形评价

图 3–29 是看起来比较理想的一年生树。中下部的分枝数已达十个，且分布良好。但是中部有三个主枝属于轮生，同时又保留了分杈枝，使母枝进一步加粗，对上部形成抑制，以致上部主干变弱形成花芽，难以抽生分枝。

2. 修剪建议

疏掉图中箭头所指的枝条，保持主枝单轴延伸。疏除掉主干延长枝上的花，将延长头从箭头所指部位剪截，以促使延长头继续延伸；下部留下来的主枝要拉枝开角，并从春秋梢交界处“戴活帽”剪截，促使内部光秃枝段的芽萌发。

图 3–29　主枝分杈导致母枝加速增粗

四、果园总体整形修剪技术评价

作者在该果园第二年生长季萌芽开花后，持续对该果园生长发育情况进行了观察，评价如下：

第一，保留粗大主枝导致主枝分层分布的现象并未改变。由于基本全部保留了粗度超过主干粗度 1/2 的同龄分枝，这些保留下来的轮生枝、对生枝对其上部主干形成严重抑制从而导致主干光秃带上其他未萌发的芽到第二年春季依然难以萌发，使主枝形成明显的分层分布，不能形成足够数量的分枝，第二年的整形目标难以实现（图 3-30）。

图 3-30　上下主枝轮生，导致其下部主干形成光秃带

第二，坚持追求自然形的整形理念，未对主枝拉枝开角，致主枝抱头生长，主枝后部超过 50 cm 枝段形成光秃，只在梢头形成少量腋花芽，致内膛空虚，结果部位外移。管理者的计划是希望靠这些花芽开花结果后，用果实的重量下压开张主枝角度。但由于结果大多在梢头，加之主枝基部较粗，保留的几个果实重量无法将这些主枝基部角度压下来，仅仅只是梢头部分下垂，而主枝腰角和基角依然未开，主枝中、下部依然保持接近直立向上的长势，导致主枝靠近基部约 50 cm 范围内的芽在第二年依然不能萌发形成结果枝，那么，第三年就达不到预定产量目标（图 3-31 和图 3-32）。

第三，主干延长头受下部较多粗大主枝抑制，加上顶部成花结果，使延长头进一步变弱；主干中部芽不能萌发成枝继续保持光秃，分枝数无法达到目标数量；树体普遍呈下强上弱现象，三年建成合理树形架构的目标难以达成（图 3-33 和图 3-34）。

图 3-31 未拉枝开角，只在梢头结果

图 3-32 少量较弱的主枝被梢头较多的果实压弯下垂

图 3-33 三个主枝的长度和生长势都比主干延长枝强

图 3-34 下部主干上主枝轮生

第三节 小规模果园一年生树冬季修剪

一、家庭农场式果园整形修剪前后对照图解

图 3-35 和图 3-36 是陕西渭北一处面积 30 余亩的家庭农场果园建园时的情形。品种是西北农林科技大学赵政阳教授团队选育的新品种瑞香红和瑞雪，栽植时没有设立支架系统，一直到冬季修剪时才开始架设支架系统。

图 3-35 刚完成栽植的家庭果园

图 3-36 栽植后定干

从图 3–36 可以看到栽植时按统一高度定干，浇了定植水。这类苗木干径在 1 cm 以上，高度也在 1.2 m 以上，且带有一些羽毛状小枝，完全不需要按统一的尺度标准统一定干，只需像图 3–37 那样（这是让园主留下专门作对照的一棵树），将较粗的分枝留桩剪除，对较弱的分叉的主干延长头在饱满芽处剪截即可。若这样修剪，到来年的结果会是：留下来的小枝继续延长生长；主干延长枝剪截后，其下方的芽会萌发成枝，全树会形成 10 个左右的主枝，这样的结果将是比较理想的。

图 3–37 定干前

图 3–38 定干后

但遗憾的是，这里不仅在定植时按照统一的高度定了干，而且中间砧露地太多，在生长季节也未再浇过水。所以，到了当年冬季，我们看到果园里树的生长情况就成了图 3–38 所示的样子。

（一）剪口下保留了较粗分枝的情形

1. 树形评价

从图 3–39 可以看出，定干时保留的剪口下较粗的三个分枝与主干延长枝形成了竞争，导致竞争枝不仅比延长枝长得粗，而且发出了较强的二次枝，其余部位未发出一个新梢，主干延长头也很弱。

2. 修剪建议

如图 3–39 所示，主干延长枝从饱满芽处剪截，待萌芽后掐掉剪口下第二个和第三个萌芽。三个大枝应全部留桩剪除。

可以看出，由于矮化砧露地太高，秋季才在树干基部堆了土，但这样的小土堆显然不能为根部提供良好的土壤环境。最好费些功夫，沿树行起通行垄，起垄高度以露出砧穗接合部为宜。修剪后如图 3–40 所示。

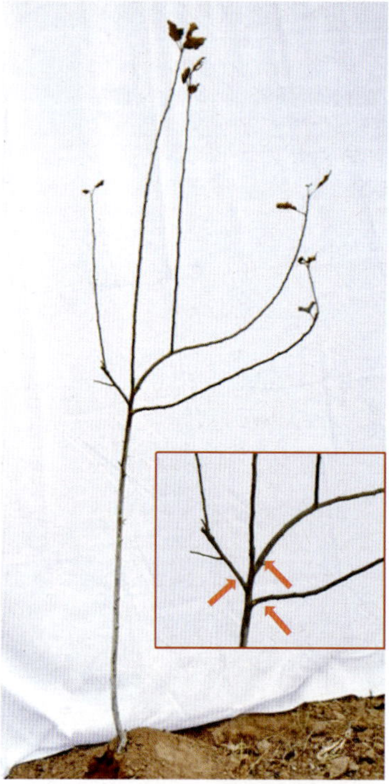

图 3–39　修剪前

图 3–40　修剪后

（二）剪口下保留较多粗枝形成“卡脖”现象的情形

1. 树形评价

图 3–41 反映了按细纺锤形进行整形的树在定植时定干的不良后果。剪口下有六个栽植时就有的小分枝，这些小分枝由于定干而加粗生长，其粗度已超过主干的 3/5，甚至接近主干延长枝的粗度，严重抑制延长枝生长而使其变得细弱无力，且延长枝上未形成一个二次枝。

2. 修剪建议

这种定干后形成的树形，如果按自由纺锤形来整形，是比较理想的，只需疏除掉最上面左右两个主枝就行，上部主干上直接培养结果枝组即可。仍应按全园细纺锤形整形，将这些全部疏除，否则，由于下部过大主枝的抑制，难以长成强健的主干，其中上部也难以抽生和承载近二十个主枝。主干延长枝太弱，要从饱满芽处剪截。修剪后如图 3-42 所示。

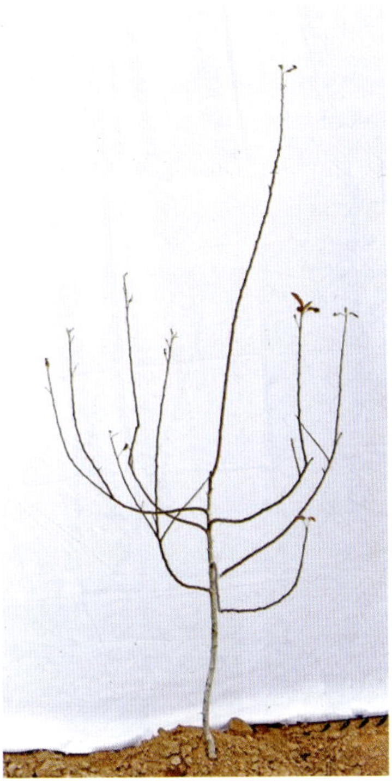

图 3-41　修剪前

图 3-42　修剪后

重要提示：如果将这些大的主枝保留下来，会使下部更强而中上部更弱，形成在二十世纪八十年代后期陕西渭北和陕北南部地区发展的矮化苹果园普遍存在的“半截树”现象。现实中，这种现象至今依然存在，令人叹惜。

图 3-43 和图 3-44 是 2020 年陕西渭北某地两处果园的情况。图 3-43 是三年生的树，图 3-44 已经是五年生的树了，但实际形成的结果能力却差得很远。究其原因，还是不懂得矮化苹果树的整形修剪方法。一是在栽植时定了干却不知道后续如何处理；二是不舍得去除剪口下粗大的竞争轮生枝；三是拉枝不到位；四是不懂自由纺锤形如何在下层主枝和中上部主干上培养结果枝组。而依据这两处果园的株行距来看，只有按照自由纺锤形构建树形，才能达到比较理想的结果。

图 3–43　上、下部保留了两层轮生大枝形成“卡脖”现象

图 3–44　主干下部四个大主枝形成“卡脖”现象

（三）栽植当年生长量小，整体较弱的情形

1. 树形评价

从这片果园一年生树（图 3–45）的生长情况判断，栽植时浇水以后，这些树就再未浇过水。如果是雨水较多的年份，生长情况尚可，若遇干旱年份，就会导致苗木生长不良直接影响果园的果品质量。前面我们曾提到，建矮化苹果园，水是第一要考虑的问题，没有水，最好不要在干旱地区建矮化园。

2. 修剪建议

剪除左侧两个和右侧上面较长的枝，留下的短枝顶芽比较饱满的是花芽，要采取破芽剪法，剪去顶芽，促使长枝；主干延长头太弱，要在饱满芽上方剪截，促其强势延伸发枝。修剪后如图 3–46 所示。

图 3–45　修剪前

图 3–46　修剪后

（四）整体较弱，分枝部位也不合理的树

1. 树形评价

如图 3–47 所示，下部树干上发出的这两个枝条应该是在栽植时没有对苗木进行整理修剪而留下来的小枝长成的，位置太低，不宜保留。定干剪口下左侧枝太粗，如果保留，将会削弱主干的正常生长，也会抑制其下部的芽萌发，而这几个枝着生位置稍高，其下部 20 cm 范围内应该再出几个枝才好。

2. 修剪建议

不留桩剪除树干右侧下部的两个枝；主干右侧中部的几个枝太密集，留桩疏掉从下向上第二个枝；左侧的大枝则不用考虑就留桩剪除。修剪后如图 3–48 所示。

（五）定干剪口下主枝太粗，严重抑制主干延长枝生长

1. 树形评价

如图 3–49 所示，定干剪口下有五个很粗的主枝，其中上部两个枝的粗度几乎和其着生处主干的粗度一样，对主干延长枝形成了较强抑制；下部三个枝的粗度也超过了主干粗度的 1/2。

2. 修剪建议

上部两个主枝不用考虑就留桩疏除，下部三个枝在图 3–50 中是保留下来

的，这是迎合了大多数人的心理——舍不得。但是，对于细纺锤形和高纺锤形树形而言，保留这几个枝是有害的！要实现第二年主干上生出十几个主枝，主干健壮且高度达到 2 m 的目标，这几个枝将会是严重的制约，如果保留这几个枝，会导致主干延长枝进一步衰弱，其他部位的分枝也很难发出来。正确的做法是“抹光杆”，将这五个枝全部留桩剪除。只有这样，才能保证次年主干延长枝的长势得到恢复，剪除主枝留下的桩口发出新梢，附近几个短枝会抽出新梢，主干延长枝上的饱满芽也会萌发抽生新梢，树的高度和分枝数才能达到较理想的目标。

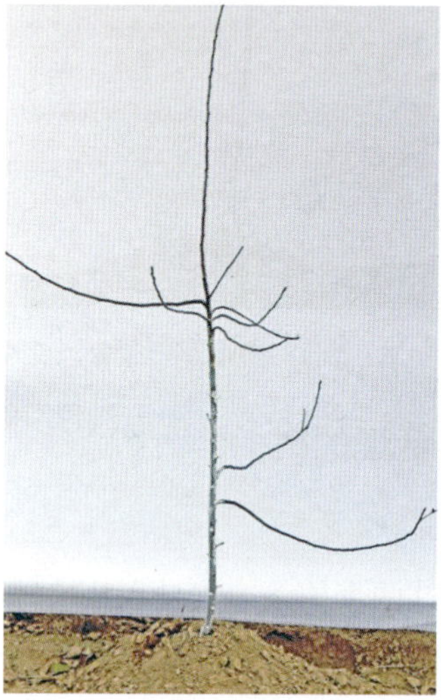

图 3-47　修剪前

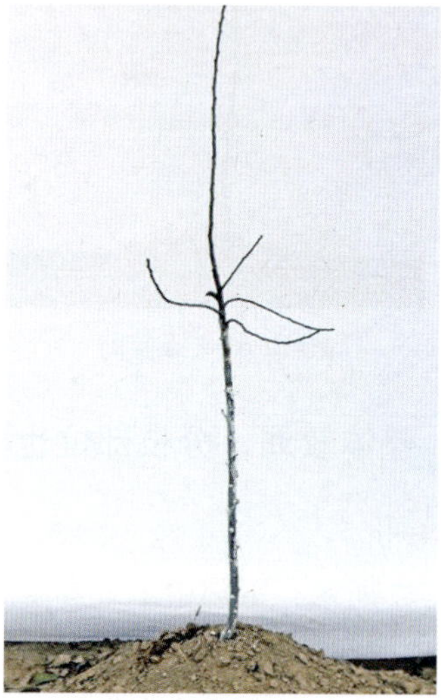

图 3-48　修剪后

图 3-49　修剪前

图 3-50　修剪后

（六）主干延长枝太弱的一年生树

1. 树形评价

图 3-51 这棵树头部太弱，定干剪口下只发出一个枝，粗度和延长枝一样。造成这种现象的原因是栽植的苗木太弱，定干时位置太高，剪口下的芽不饱满。但由于有剪截造成的位置优势和营养优势，所以，离定干口最近的两个芽就萌发成了两个枝。如果在五六月能区分强弱时将竞争枝及时剪除，其下部的芽也许还能萌发，主干延长头也不至于这样弱。

2. 修剪建议

留桩剪除左侧这两个枝，主干延长头也从其饱满芽上方剪截，以促其强势延伸并发生二次枝，左侧下部这个枝的桩口及其下面也会发出枝来。修剪后如图 3-52 所示。

图 3-51　修剪前

图 3-52　修剪后

二、农户粗放管理果园的评价和建议

图 3-53 是一块大约二亩左右定植时没有定干的园子，到第二年五月中旬的生长情况。从整个园子的情形判断，这户果农在栽上树和支架，拉上铁丝

以后，基本就没有对树体进行过管理，支撑杆未设立，树长得歪歪斜斜，当年冬季也未进行修剪。

从树的发枝和生长情况来判断，这些树定植当年的生长量非常小，最多也就是让芽充实了一些，形成了一些短枝。还有一些定植时没有剪除的较粗分枝，由于未冬剪也继续保留了下来，对主干延长枝的正常生长形成了抑制。虽然这种情况延迟了树的成形和结果，但若能在第二年加强管理，这片果园尚可挽救。如果继续放任不管，则会很快荒废。

这种情况在2010年以来的矮化苹果发展高潮中普遍存在。究其原因，一是政府统一计划发展，免费提供苗木，而非农户自行选择苗木，栽植后农户没有进一步投资，支架系统和灌溉等配套设施不到位；二是农户缺乏正确的管理技术，加之前几年没有收益，农户重视间作物而忽视甚至放弃对果树的管理，便造成了许多如图3–53这样疏于管理的果园，给现代矮化苹果产业的发展带来了负面影响。

图3–53 管理粗放的一年生果园

下面就以这片果园为例，分析解释这类粗放管理果园的树应该如何进行整形修剪。

（一）定植时未定干的情形

1. 树形评价

图3–54中的两棵树定植时是光杆苗，也未定干，在栽植后第二年五月中旬的生长情况。虽然没有在当年发出足够数量的长枝，但第二年发枝的情况

还算不错。如果加强肥水管理，这些新梢应该可以长到 50 cm。

2. 管理建议

树体管理上需要做好如下几项工作：第一，设立支撑杆，将主干及其木质化新梢及时绑缚在支撑杆上，保证主干直立生长。第二，在主枝新梢长到 30 cm 时，及时用开角器对新梢进行开角和摘心。

图 3-54 未定干树第二年五月中旬的生长情况

（二）未定干当年也未冬修，保留了较粗分枝的情形

1. 树形评价

图 3-55 中这两棵树上年未冬剪，较粗的分枝被保留了下来。这些粗度几乎和主干一样粗的分枝，肯定会抑制主干的正常生长，不利于理想树形的建构。

2. 管理建议

生长季将这些近乎“卡脖”的对生大枝拉到水平以下，抑制其生长势。当年冬季修剪时对其进行留桩剪除；其他小枝在生长达到 30 cm 时开张角度；主干延长头的竞争枝也要留桩剪除。当然，为了保证实现树形建构目标，也可以此时就将这两个大主枝留 2 cm 左右的桩剪除，其桩上仍可以发出新梢来。

图 3-55　未疏除的大主枝

（三）主干弯曲的情形

1. 树形评价

图 3-56 中这棵树主干严重弯曲，左侧最下部这个分枝和上部看似直立的分枝太粗，弯曲的主干也是大问题，会影响树形建构。

2. 管理建议

主干弯曲到如此程度应该及时矫正。左侧这两个分枝如果在上年冬剪时去掉，今年就会发出理想的新梢，其他部位的芽也会萌发成枝。因此，此时要做的事，第一，尽快设立支撑杆，先把树矫正直立。第二，疏除左侧下部的粗枝和上部直立的枝，右侧中部的枝最好也疏除。这三个大枝疏除以后，有利于其下部空间抽生新枝。否则，经过一年的加粗生长，这些枝会严重抑制其他光秃部位抽生新枝，不利于树体骨架构建。如果不忍心现在疏除，就先把所有分枝拉至水平以下，到当年冬季修剪时再处理。

（四）中间砧露出地面太多、树体严重倾斜的情形

1. 树形评价

图 3-57 中这棵树的倾斜问题容易解决，但糟糕的是矮化中间砧几乎全部

露出地面，这是在农户家庭建园中普遍存在的问题，也是除缺水外这类果园衰败最主要的因素。

2. 管理建议

这块园子的支架已经设立，只需在每棵树旁插上竹竿用作支撑，将树干绑缚在竹竿上，倾斜问题即可解决。矮砧露地问题只有采取起垄或壅土堆解决。壅土高度到矮砧和品种接合部即可。至于下部这两个对生枝由于粗度太大，起垄后也会太低，最好立即就疏除。

图 3-56 主枝太粗，主干弯曲

图 3-57 主干倾斜，矮砧露地太多

（五）定植当年冬季剪去了主干延长枝头的情形

1. 树形评价

图 3-58 这两棵树被剪掉了主干延长头，而左侧这棵树两个较粗的对生枝却未疏除，是这片园子仅有的几棵被落了头的树，非常可惜。

2. 管理建议

图 3-58 左边这棵树下部两个对生枝在主干延长头存在的情况下，不会显得过分突兀，但现这两个分枝头已经快超过主干的高度了，如果保留，会进一步抑制主干延长头和其他分枝的生长，应该立即将这两个枝留桩剪除，主干延

长头剪口下第二个和第三个新梢也要提早剪除。其他新梢在长到 30~40 cm 时及时用开角器开张角度。右侧这棵树要将剪口下第二个和第三个竞争枝及早剪除，对其他保留的枝开张角度。

图 3-58　不合理地剪去了主干延长头

三、一年生瑞雪 / 青砧砧穗组合树的修剪

（一）树形评价

图 3-59 是陕北某地一片以青砧作基砧的一年生瑞雪果园定植当年 11 月中旬的情形。可以发现该果园果树定了干且定干过低，而且下部保留主枝太多，抑制了主干延长枝的生长导致树势变弱。

（二）修剪建议

1. 定干问题

青砧成品苗出圃一般高度会接近 2 m 并有十几个分枝，定植时不应定干。对延长头较弱的苗子，可在春梢饱满芽上方剪截。

2. 疏除过多分枝

青砧成品苗出圃一般会有 10 个以上密集分布的小分枝。但这些枝无需全部保留，应该同侧的间隔 25 cm 左右留一个，过密的进行疏除。否则会对主干形成抑制导致主干延长枝变弱，而且中下部也会郁闭。

3. 留桩疏枝

定植时剪除过粗过多的主枝和冬季修剪疏除过粗过多的主枝时，一定要留桩。不留桩，这些部位以后就不会再发出分枝了（图 3-60）。

4. 拉枝角度

拉枝角度不要过低，在 90°~110° 之间就可以了（图 3-61）。

图 3-59　定干剪截太重，下部留枝太多

图 3-60　疏除主枝时未留桩，不会再出枝

图 3-61　拉枝角度太低，主枝中部的芽反而不易萌发

四、一年生高接树的修剪

（一）整体评价

图 3-62 是一片上年春季高接换了品种的园子，第二年三月的情形。原品种是四年生的富士，基砧为 M26，换接的品种是瑞雪。

图 3–62　高接一年后的果园

作者去看时，园主已经找人修剪过了，但只是疏剪了个别粗枝，将留下的主枝都在春梢上截了头。观察发现，这些树的主干高度一年就达到了 2 m，分枝大多在 15 个左右，留下的主枝绝大部分粗度都超过了主干的 1/3，且主要集中分布在主干下部，中部光秃脱节，上部有几个中短枝（图 3–63）。

对于这些留下来的主枝，如果没有被剪截，个别树上会有几个粗度 5 mm 左右的细弱小枝可以保留，但大部分主枝的粗度都已超过主干粗度的 1/2，并进行了剪截，而且大多是在春梢上剪截的。如果将这些主枝都保留下来，一则主干中部光秃带上的芽会被严重抑制而难以萌发成枝。二则这些被剪截的一年生主枝由于剪截较重，当年会在梢头抽生几个较强的新梢，基部的芽不会萌发，其他部位只在背上抽生几个直立枝，从而导致一年生枝段加粗生长，不易形成结果枝。

由于这些高接树基砧已经是四年生根系，营养供给充分，加之瑞雪品种的萌芽力和成枝力都很强，且易成花，如果将这些大的主枝全部疏除，在正常管理的情况下，当年新梢即可形成花芽，来年即可结果。

（二）修剪建议

（1）对这些粗的主枝全部疏除，即“抹光杆”；

（2）对个别树上粗度小于主干粗度 1/3，分布在主干中、下部没有短截的小枝可以保留，除此外予以疏除；

（3）对中上部的长枝予以疏除，中短枝形成顶花芽的，采取破芽剪；

（4）注意留好桩口。

修剪后如图 3–64 所示。

图 3-63　修剪前

图 3-64　修剪后

一年生树整形修剪技术要点小结

一年生树的整形修剪是树形建造的重要关口，要想建成理想的细纺锤形和高纺锤形树形，一定要按照规范技术要求执行到位，重点是：扶强主干、促发主枝和开张角度。

（1）对栽植时定了干的树，要特别注意剪口下的对生、轮生枝对主干延长头的“卡脖”问题。对粗度大于主干粗度 1/3 的分枝要坚决留桩剪除；对过密枝按同侧 25~30 cm 左右的间距选留，多者疏除。

（2）对主干较弱，分枝太粗的树，可以采取“抹光杆”的办法，拉开分枝与主干的枝龄差，保证主干强健生长，这样来年发出的分枝会比较理想。

（3）主干延长头健壮的，从春秋梢交界处以下剪截；弱的延长头从春梢饱满芽上方剪截。

（4）保留的分枝不要打头剪截，缓放促发中短果枝。

第四章 二年生树的整形修剪

第一节　理想的二年生树

一、理想的二年生树的基本标准

未修剪的比较理想的二年生树如图 4-1 所示，但图中几个粗大主枝还是要疏除。理想的二年生树基本标准有：

（1）树高 2 m 以上，主干健壮，粗度 3 cm 左右；

（2）有长度 30 cm 以上的分枝 15 个以上，枝条角度开张在水平以下，树体匀称健壮，主枝上两年生枝段有中短枝花芽形成。

图 4-1　未修剪的比较理想的二年生树

二、整形修剪技术要点

（1）长势健壮的主干延长枝无需剪截，长势弱者在春梢饱满芽上方剪截；

（2）对二年生枝，在其一年生枝段的春秋梢交界处上方“戴帽”剪截，对一年生新梢不要剪截，及时开张角度；

（3）疏除过粗（粗度超过着生部位主干粗度 1/3 的分枝，以下描述皆同）、过密、对生、轮生、重叠枝。

第二节　二年生树的整形修剪实例

一、二年生树修剪前后对照图解一

图 4-2 是一片大约 20 亩的小规模果园，主栽品种为瑞香红 /M26 中间砧。定植时的苗木有些是光杆苗，有些是带有 3~5 个羽毛状小分枝的苗。定植时没有定干，所以，在两年内大部分树已经发出了 15 个甚至 20 个以上主枝，也未出现分层现象，但树高未达到 2.5 m，头部普遍显得弱了些。造成这种现象的原因主要是当年栽植时未定干，树体分枝数较多，削弱了主干延长头的生长势；加之栽植后有一个缓苗期，第一年树的长势和生长量受到了影响，主干延长头也就弱。冬季修剪时，未疏除中下部一些大枝和上部竞争枝，对延长头剪截太轻，未在春梢饱满芽上方剪截，所以延长头普遍较弱。

图 4-2　修剪前的二年生树

对这样的果园，在第二年冬剪时，把握以下三个技术要点：第一，疏除中下部主枝粗度大于主干粗度 1/3、过密、“卡脖”的枝条；第二，主干延长头的“卡脖”竞争枝坚决疏除，主干延长头比较健壮的不要剪截，较弱的延长枝从饱满芽上方剪截；第三，对二年生主枝，在其一年生枝段春秋梢交界处以上戴活帽剪截，保持单轴延伸，在来年春季树液流动后及时拉枝开角，缓势促花，在主枝延长头新梢超过 30 cm 时反复摘心，促生短枝。

（一）保留了较多较粗主枝的二年生树

1. 树形评价

由图 4–3 可以看出，这棵树在栽植时没有定干，到第二年冬季，在第一年剪截主干延长枝的剪口以下竟然发出了 28 个主枝，而且没有出现分层分布现象，应该算是比较理想的二年生树了。只是主枝数量有些多，个别主枝太粗。主干也挺拔健壮，但没有在第一年冬剪剪截主干延长枝时对剪口以下的大主枝进行必要疏除，留枝太多，削弱了主干延长枝的健壮延伸生长和二次枝的萌发。

2. 修剪建议

主枝数量太多，超出了细纺锤形树形 25 个左右主枝的配置标准，应该坚决把大于主干粗度 1/3 的主枝在两年内疏除。由图 4–4 可以看出，已经疏除了 7 个较大的主枝，次年再把剩下的较大主枝疏除，加上第三年主干延长枝正常延伸，再出几个枝，这棵树就能如期在第三年建成理想的树体结构。修剪后如图 4–4 所示。

图 4–3　修剪前

图 4–4　修剪后

（二）保留了较粗主枝的二年生树

1. 树形评价

图 4–5 中这棵树已经抽生了 18 个主枝，栽植当年冬季对主干延长枝进行

了剪截，主干延长枝比较健壮。

2. 修剪建议

这样的树冬季修剪比较简单。首先要疏掉主干延长枝下部几个较大主枝，对主干延长枝从春梢上部次饱满芽处剪截，来年开春萌芽后抹去剪口下第二个和第三个芽。这样，其下部春梢段上的芽大多会萌发；主枝的角度尚不到位，树液流动后要及时将主枝拉到 90° 以下呈平斜状；对疏除主枝后萌发的新梢，也要在其 30 cm 左右时，及时用开角器开角、摘心。修剪后如图 4–6 所示。

图 4–5　修剪前

图 4–6　修剪后

二、二年生树修剪前后对照图解二

图 4–7 是陕西渭北某地一片 50 多亩的瑞雪、瑞香红 /M26 矮化中间砧示范果园。该果园株行距 1.5 m × 4 m，建园时用的是光杆苗，部分苗木带有几个小枝和刺状短枝，高度在 1.5 m 左右，干径 1 cm 左右，栽植时在 90 cm 处定干。当年冬季看到大部分树只有三五个分枝，而且分枝位置不理想，有的偏高，有的偏低，主干延长枝也普遍比较弱。

图 4-7　未修剪的二年生果园

图 4-8 和图 4-9 这两棵树是瑞雪品种，这是第二年冬季在这片果园看到的情形。这些树的主干延长枝在第一年冬剪时秋梢被剪截，导致主枝在主干上呈明显层状分布，出现脱节现象，数量也不足。而且在生长季节没有对主干延长枝的竞争枝及时进行疏除，树体主干上普遍出现明显的两层对生和轮生枝“卡脖”现象，使主干延长枝受到较强抑制而变得衰弱。

图 4-8　轮生、对生枝“卡脖”

图 4-9　轮生、对生枝“卡脖”

这类园子在第二年冬季修剪时最关键的不是所谓技术，而是决心！不要因为舍不得而将“卡脖”枝都保留下来。如果保留了这些粗大的“卡脖”枝，将无法在三年甚至更长时间内培养足够数量的理想主枝，整体树形架构也将很难如期建成。

所以，要在当年冬剪时和来年生长季节做好如下几项工作：

（1）下决心疏除大于着生部位主干粗度 1/3 的主枝；

（2）对弱的主干延长枝在春梢饱满芽上方剪截以促使正常延伸，对健壮的主干延长枝在春梢次饱满芽上方剪截；

（3）对保留的二年生主枝在一年生枝春秋梢交界处“戴活帽”剪截，保持单轴延伸，当年生主枝不要剪截，来年春季树液流动后拉枝开角；翌年待主干上发出的新梢长到 30 cm 时用开角器开角，连续摘心，以促发二次短枝。

（一）单枝竞争对主干延长头形成抑制的情形

1. 树形评价

图 4–10 中这棵树在剪截延长头时留下的剪口下方芽的质量应该不是很好，所以剪口下只发出了两个枝条。由于处于树体顶端，具有较强的生长势，这两个枝形成了势均力敌的局面。这种情况最好应该在刚能看出长势强弱时就去掉其中一个较弱的枝，这样，保留下来的延长枝才会长得更好。

2. 修剪建议

图 4–11 是修剪后的情形。可以看到将右侧的枝剪除了，其下面主干上有几个短枝花芽，在主枝尚未培养完成之前，主干上最好不要结果，要采取破芽剪法促其发枝。

图 4–10　修剪前

图 4–11　修剪后

（二）对生枝对主干延长枝造成的“卡脖”现象一

1. 树形评价

由图 4–12 可以看出，树干中部两组对生枝的粗度接近其着生部位主干的粗度，对其上下的其他芽形成抑制而不能萌发，致使主干中上部形成两层光秃带。

2. 修剪建议

疏除这两组对生枝，一则可以实现以大换小，以粗换细；二则也可以解除它们对主干上其他芽的抑制，促使这些部位的芽萌发成枝。

图 4–12　对生枝“卡脖”

（三）对生枝对主干延长枝造成的“卡脖”现象二

图 4–13　对生枝“卡脖”

1. 树形评价

图 4–13 中这棵树应该是第一年冬剪时对主干延长枝剪截较重的一个例子。可以看到剪口下四个竞争枝的粗度已经与主干延长枝一样了，下部也出现了光秃带。如果不疏除这几个枝，由于其位置优势，第三年会加速加粗生长，会对延长枝形成更强的抑制而使其进一步变弱，其上部的芽和下部光秃带上的芽也不会萌发。

2. 修剪建议

应毫不犹豫地将这四个“卡脖”枝留桩疏除，将主干延长枝在春秋梢交界处以下剪截。

（四）下部太多主枝对主干形成“卡脖”的情形

1. 树形评价

图 4–14 的这两棵树在定干剪口下 50 cm 以内的范围内竟着生了十几个枝，

显然太多了，导致上部主干细高柔弱。如果在上年冬剪时就疏掉一部分，主干延长枝也不至于如此细弱。

2. **修剪建议**

要下决心疏除一些粗枝，按照同方位 25~30 cm 留一个枝来把握留枝密度。若主干延长枝太弱，则从饱满芽处剪截。

左侧这棵树的树干上着生有三个枝，位置太低，一则影响地面作业，二则即便未来结了果，也会拖在地上，品质也不会好。

图 4–14 下部过多主枝形成“卡脖”

（五）下部主枝着生部位过低的情形

1. **树形评价**

图 4–15 中这棵树的主枝分布太低，即便来年结果，也会拖到地面，而且不利于地面管理作业。产生这种现象的原因，是栽植时定了干，而且定干太低。

2. **修剪建议**

将 60 cm 以下的主枝全部剪除，不要留桩；对定干时剪口以下和 60 cm 树干以上范围内的枝条进行留桩剪除，一旦保留，往往会形成“卡脖”现象，使得中部主干上的芽无法萌发而光秃脱节，应留桩剪除；主干延长枝从春梢饱满芽上方剪截。

就这棵树而言，按照上述建议进行修剪，基本上就没有可保留的主枝了。在当前的生产中，常能见到由于定植时不恰当的定干，又未对剪口下的同龄竞争枝进行剪除而导致“卡脖”和中上部主干较弱，主枝层形分布明显的不良现象。因此，当定干后的管理措施跟不上时，剪口下粗度大于主干粗度 1/3 的主枝在当年冬剪时就要全部疏除，即“抹光杆”。这样处理以后，下年就会在主干中下部抽生出十几个非常好的小主枝。这棵树由于上年冬剪时未疏除这些大主枝，今年疏除感觉有点可惜，但仍要坚决疏除，否则中上部主干会变弱。

图 4–15　主枝着生部位太低

（六）主干弯曲的情形

1. 树形评价

图 4–16 中这棵树顶部主干延长枝周围有六个主枝，虽未形成“卡脖”现象，但其中有五个枝与延长头形成了竞争，加之主干本身就比较弱，延长头弯曲，整体树干也不挺直。下部左侧下面第一个枝的位置有些低，第四个枝有些粗。

2. 修剪建议

修剪后如图 4–17 所示，将顶部三个比较粗的竞争进行枝疏除，树的顶部就轻松多了，但延长头还是很弱的，应该在饱满芽处剪截。左侧的两个枝也应去掉，其余的主枝要在来年春季树液流动后认真地把角度拉开到大于 90° 向下方平斜伸展的状态。一定要记得，设立扶持杆的目的，是在树干生长的过程中，及时将弯曲的主干绑缚在扶持杆上，保证主干挺直健壮生长。

图 4-16　修剪前

图 4-17　修剪后

（七）树冠中上部一侧分枝太多的情形

1. 树形评价

图 4-18 中的这棵树右侧中上部长势太强，左侧中上部基本没有主枝，形成明显的偏冠，需要纠正。

2. 修剪建议

中部右侧的枝太强，首先要剪除；对右侧上部几个枝要剪除其中三个较强的；主干延长枝从春梢次饱满芽处剪截。在春季萌芽前，可对左侧中部的芽采取目伤刻芽的办法促其萌芽成枝，修剪后如图 4-19 所示。

重要提示：矮化苹果树前三年是构建树形最关键的几年，在 3 m 以上高度的强健主干上培养 25 个左右平斜生长、分布合理、长势中庸的小主枝，对这些已经两年生的树来说尤为重要。所以，第二年冬季修剪时必须对每一棵树详加考察，认真对待，最关键的是要把抑制削弱主干正常延伸的“卡脖”枝和中下部大于主干粗度 1/3 的粗枝坚决疏除，采取一切可行的措施保证树形建造目标的完成。

图 4–18 修剪前

图 4–19 修剪后

（八）剪口下竞争枝未疏除，强制拉枝后的情形

1. 树形评价

图 4–20 是未将定干后剪口下发出的竞争枝疏除，将其强制拉开后的情形。可以看到这个粗度与主干粗度一样的主枝死死地卡在主干下部。由于位置优越，所以发出了两个较强的背上枝对主干形成严重抑制。

2. 修剪建议

这个与主干粗度一样的枝如早被疏除，就不至于对树体中上部形成削弱和抑制。如果不疏除，不仅抑制树体中上部的生长，影响整体树形建构，而且本身已形成光棒枝，想再发生结果枝非常困难。

图 4–21 中这棵树在第一年冬季修剪时对主干延长枝进行了剪截，剪口下发出了三个枝，左侧的枝在生长季节采取了扭枝的办法开角，但粗度与中间的延长枝一样粗，与右侧的枝对延长枝形成了对生“卡脖”现象，应一起疏除。

重要提示：对主干延长头的竞争枝要在来年春季萌芽以后，能判断强弱时就及时疏除，疏除后一则不会对延长枝形成抑制削弱，二则促使其下方主干上的芽萌发成枝。

图 4-20　与主干同样粗度的枝

图 4-21　延长头竞争枝

（九）下部主枝粗大，背上发出较强徒长枝的情形

1. 树形评价

图 4-22 中的枝具有位置优势，长势比较强。加之拉枝不到位，背上发出了几个很强的徒长枝。受它们和左侧这个较强枝共同抑制，其上面出现脱节光秃。

2. 修剪建议

保持主枝单轴延伸。对这两个枝坚决疏除，以解除对其他部位芽的抑制，促使其他芽萌发成枝。

图 4-22　主枝太粗，背上直立枝乱生

（十）对主枝进行了错误的扭枝处理的情形

1. 树形评价

图 4-23 是在栽植当年对新梢进行了扭枝处理的情形。可以看出扭得比较重，

木质部已经坏死，只有皮层与其增生组织在支撑着这个枝条。这样的枝条是要负载一定重量果实的主枝，扭成这样难以承担结果任务！

2. 修剪建议

在矮化树上，主枝是承担结果的基本单位，不能像对待其上着生的直立徒长枝一样，采取扭枝的办法改造成结果枝。开张角度可以采取拿枝或开角器开角，或者生产上普遍采用绳子拉枝开角等办法。对这类木质部已经坏死，只剩下一半皮层连接的主枝，建议留桩剪截，促发新枝。

图 4–23　对主枝不正确的扭枝措施

三、对主干进行了不恰当剪截果园的整形修剪

（一）总体评价

如图 4–24 所示，这片主栽瑞阳、瑞雪 /M26 矮化中间砧果园面积仅有 7 亩，但却是某乡镇书记、镇长耕种示范园，这对示范带动周边果农是有意义的。栽植的是光杆苗且未定干，在当年五月下旬时苗木树干以上的芽绝大部分都萌发了，主干上未出现光秃脱节现象（图 4–25）。

图 4–24　书记、镇长示范园

图 4–25　五月下旬主干上的芽大多萌发

次年冬季，作者再次去这片果园看时，发现上年冬剪时对主干延长枝进行了较重剪截，剪口下普遍发出较强的延长头竞争枝，关键是没有疏除剪口下竞争枝，却将这些与延长枝同龄，或对生，或轮生的粗壮主枝拉了下来，对延长头形成严重抑制，致使其下部出现了几十厘米的脱节光秃带。

（二）修剪建议

疏除主干延长枝的竞争枝，不管是否已经拉枝开角，必须坚决疏除，否则其上、下的芽都不易萌发成枝；同时要疏除主干下部粗度超过主干粗度 1/3 的主枝。对较弱的主干延长枝，可在春梢饱满芽上方剪截，对比较健壮的主干延长枝在春梢次饱满芽上方剪截（图 4–26）。

图 4–26　第一年冬剪时对主干延长头进行了剪截

四、树体普遍下强上弱果园的整形修剪

（一）总体评价

图 4–27 是一片以瑞香红 /M26 自根砧为主栽品种的规模化果园。观察发现，这片果园在定植时未定干，这是正确的做法，但对当年主干中下部抽生的十几个主枝基本都保留了下来，这就导致了一系列问题。由于未拉枝，也未在第一年和第二年冬剪时疏除这些过密过粗的主枝，导致主干中下部十几个粗度超过主干粗度 1/2 的主枝进一步加粗生长，对上部主干形成严重抑制，造成果园树体普遍下强上弱，上部主干光秃脱节，主干延长头细弱的不良结果，这些粗大的主枝上也未形成足够的结果部位（图 4–28）。

图 4–27　冬季修剪后的果园

（二）修剪建议

图 4–29 中的状况被认为是自然形树形的正常状态，保留粗大主枝很正常，因为好不容易长了两年，上面也形成了几个中短果枝，今年就能结果，会有一定产量，剪掉是很可惜的。但是，如果保留这些粗大主枝，其结果会使主干上部因长势较弱而形成腋花芽结果，进而使上部进一步衰弱；中下部的粗大主枝继续保留而且不拉枝，其主枝基部 50 cm 以上的部位会继续保持光秃，只在梢头形成一些腋花芽结果。其形成的观感是树体中下部看起来很丰满，但实际形成的产量有限。

因此，给出两种建议：一是先去掉中部三四个大枝，下部的大枝等当年

冬季修剪时再疏除；另一种建议就是在冬剪时将大于主干粗度 1/2 的主枝全部去掉（图 4–30），这样看起来损失很大，但有利于理想树形建造，实现当年成枝成花，来年形成产量。

图 4–28　树体中下部粗大主枝太多，上部受到严重抑制

图 4–29　修剪前

图 4–30　超过主干粗度 1/2 的主枝已全部疏除

图 4–31　修剪后

图 4-31 就是采取折中的办法，先将中上部和下部个别较粗的主枝疏除，下部其余大枝在下年冬季修剪时再予以疏除。但要做到如下几点：第一，将下部主枝的角度拉开，抑制其垂直优势；第二，待今年抽生的所有新梢长到 30 cm 半木质化时及时开角，促使当年成花；第三，主干延长头从饱满芽处剪截，当下部抑制作用消除以后，主干延长头当年即可达到目标高度要求；第四，将主干上部被风吹歪的主干延长头扶直绑缚在钢丝上，保证主干继续正常延伸。

图 4-32 和图 4-33 是第三年春季花期在这家果园看到的景象。远看满树是花，但趋近观察，就能看出是这片果园采取的整形修剪方案不恰当导致的，即远看满树是花，但这些花大多是一年生秋梢顶花芽和春秋梢交界处的腋花芽开的花，结果部位外移，而且这些梢头花和腋花芽质量差，因此，结的果质量也不会太好，而内膛 30~50 cm 的一年生和二年生枝春梢段却依然光秃。应结合花期疏花，对这些主枝在一年生春秋梢交界处剪截。

图 4-32　第三年开花期的果园

图 4-33　开花部位主要在主枝梢头的顶花芽和腋花芽

五、可以按自由纺锤形进行改造的果园

（一）树形评价

图 4–34 这棵树是富士 /M26，生长在渭北某地一处两年生果园里。该树在定植时定了干，剪口下发出的十几个分枝全部保留，且未拉枝开角。可以看到冬剪时去掉了中部左侧的一个粗枝，但右侧直立的分枝长得比主干延长枝还强，而且下部主干上的光杆大枝太多，延长头被削弱了，主干也是歪斜的。

（二）修剪建议

就这片园子的实际情况来看，由于株行距是 3 m×4 m，如果按细纺锤形整形，3 m 的株距太大，树冠不能完全覆盖，会造成浪费。所以，可按自由纺锤形进行整形修剪，去掉几个大枝，保留下部 5 个主枝，中上部主干上不再保留主枝，直接培养结果枝组结果（图 4–35）；若是株距在 1.5 m 以内的果园，则可以考虑按细纺锤形整形，将现有大于主干粗度 1/3 的主枝全部留桩疏除，用两年时间在 2 m 以上的主干上培养出 25 个左右的主枝。

图 4–34　修剪前　　图 4–35　按自由纺锤形进行整形修剪

重要提示：树形选择既要考虑基础、品种特性，还要根据果园栽植密度考虑。否则，会造成果园郁闭或园地空闲间隙过大等，影响果园整体产量和果实品质。

六、主干延长枝的剪截

栽植后对苗木定干和幼树期对主干延长枝进行不同程度剪截修剪的做法，在生产实际中普遍存在。但很多人对这项措施和主干形树形建造的意义和影响并不是很清楚，也没掌握为什么要定干和延长头处于怎样的状态下才算强或者弱，需要多大程度的剪截或者什么情况下不需要剪截，不同程度剪截后的修剪反应怎样，以及由于剪截造成延长头衰弱的“卡脖”现象该如何处理等。这里，专门就这些问题略作探讨。

对主干延长枝的剪截，其目的是促使主干延长头强健延伸和促发分枝。但剪截部位不同，呈现的修剪反应也不同。

（一）不剪截

不剪截只会在秋梢段发几个较弱较短的枝悬在树顶上，甚至形成腋花芽开花，而使延长头进一步变弱，难以引领主干正常延伸，而且春梢段上的芽不会萌发，造成光秃脱节。

（二）在秋梢饱满芽上方剪截

在秋梢饱满芽上方剪截会抽生几个较弱的小枝，春梢上的芽大多不会萌发。

（三）在春秋梢交界处“戴帽”剪截

在春秋梢交界处“戴帽”剪截，无论“戴活帽”还是“戴死帽”，剪口下发枝均较短，不利于主干延长头正常延伸，但春梢段的芽大都会萌发。

（四）在春梢次饱满芽处剪截

在春梢次饱满芽处剪截发出的枝会比在秋梢饱满芽上剪截发出的枝多些、长些、强些，春梢饱满芽大部分也会萌发形成不太强的枝，剪口下的竞争枝不会太强，但也需疏除。

（五）在春梢饱满芽上方剪截

在春梢饱满芽上方剪截发出的枝最长、最强，特别是剪口下会发出3~5个很强的近乎直立的枝，适合主干延长枝需要较大幅度延伸的情况。但要及时疏除剪口下的竞争枝，否则就会出现对生、轮生等“卡脖”现象。

综上所述，建议如果主干延长头比较细弱，难以引领主干延伸到预定树体高度，可在春梢饱满芽上方剪截，但要在萌芽后选最强的头留下，其下竞争枝要及时疏除，记得留桩；对比较健壮的延长头，在春秋梢交界处以下春梢次饱满芽处剪截；对无需继续延伸的延长头，可以在春秋梢交界处“戴帽”剪截，待发出分枝成花结果稳定后，再在横向主枝上落头。

第三节　二年生高接树的整形修剪

一、高接树的特点

高接一般是对几年生甚至十几年生的结果树进行品种更新采用的园艺技术（图 4–36）。由于原树根系比较大，有较多营养积累，高接换头后对新品种接穗有充足的营养供给，抽生的树干一年可生长超过 2 m，且会发出多个平斜的分枝。

二、整形修剪技术要点

（1）对中下部分枝以疏除为主，去强去粗，留细留弱。

（2）对上部主干延长枝顶端形成花芽的，从其下的叶芽处剪截；对主干上形成短枝花芽的，采取破芽剪促其成枝；对无法判断花芽或叶芽的，待来年春季萌芽后能分辨时及时处理，目的是避免在上部分枝顶端和主干延长枝上结果。

（3）对主枝在春秋梢交界处以上“戴活帽”剪截，春季萌芽树液流动后对角度不开张的进行拉枝处理。

图 4–36　采取主干高接换种的果园

三、二年生高接树整形修剪图解

（一）二年生比较理想的高接树一

1. 树形评价

图 4–37 是瑞雪品种高接在五年生富士 /M26 矮砧上第二年春季开花后的情形。可以看到树高已超过 2 m，第一个分枝离地的高度约为 60 cm，比较合理。主干中下部接近 1.5 m 的范围内抽生出十几个主枝，分布很均匀，也进行了拉枝处理。从剪口情况看，冬剪时疏除了较粗和密集处的几个分枝，也算合理。

2. 修剪建议

瑞雪是具有短枝性状的品种，极易成花结果，这棵树的分枝及其顶芽大都形成了花芽，就连主干延长枝上也形成了串花，冬剪时应该对长度超过 40 cm 的分枝在春秋稍交界处“戴活帽”剪截，对主干及延长枝上的短枝花芽进行破顶修剪。但这棵树显然未这样处理，春季要提早对主干上的短枝顶花芽进行破芽剪，对主干上的腋花芽在现蕾时及时疏除，以利抽生分枝，完成树形建造目标。

图 4–37　二年生理想的高接树

（二）二年生比较理想的高接树二

1. 树形评价

图 4–38 是一棵瑞雪品种纺锤形树形建造过程中比较理想的结果。树高已经 2 m 以上，分枝 15 个以上且分布均匀，主干也挺直强壮，第三年即可完成树形建造目标。

2. 修剪建议

对所有超过 40 cm 的分枝在春秋梢交界处“戴活帽”剪截；主干延长枝在春梢上端剪截，其上的花在现蕾后及时疏除。

图 4–38　比较理想的二年生高接树

图 4–39　疏除过粗主枝

（三）下部保留了较粗分枝一

1. 树形评价

图 4–39 是下部保留了较粗分枝，主干上部形成了大量腋花芽，抑制了主干延长枝上芽萌发成枝的情形。

2. 修剪建议

（1）左侧最上面的分枝太粗，应该剪除；

（2）对主干延长枝从春秋梢交界处以下春梢上剪截，促其下部芽萌发成枝，将上部主干上的花芽疏除；

（3）其他一年生分枝从春秋梢交界处以上“戴活帽”剪截。

（四）下部保留了较粗分枝二

1. 树形评价

图 4-40 是典型的下强上弱的树。在下部不到 50 cm 的范围内就着生了 9 个分枝，对上部主干形成了较强抑制。可以看到在冬剪时，由于原来的主干延长枝较弱，而用现在看到的枝转换代替了延长头，但却没有解决延长枝衰弱的问题，即下部太多的分枝形成的“卡脖”现象。

2. 修剪建议

图 4-40 中箭头所指的中部和左后侧的三个分枝应该疏除，主干延长枝从箭头所指处（春梢饱满芽上方）剪截。

图 4-40　对主干延长枝和粗的主枝疏除、剪截

图 4-41　主干延长枝和中部两个大枝剪截

（五）中下部保留了较粗分枝

1. 树形评价

图 4-41 这棵树中下部的分枝数量已近十个，而且通过拉枝已经形成花芽，枝条粗度也不错。可以考虑在每个枝上保留 3~5 个花芽结果，但中下部一左一右这两个分枝还是有些粗，即使当年勉强保留结果，来年也会因为太粗需要疏除。

2. 修剪建议

（1）由于高接树生长势比较强，分枝粗度大多在 1 cm 以上，可以结果压一压，个别较粗但对主干延长枝削弱不大的分枝可以暂时保留结果，待来年再视情况决定是否继续保留；

（2）主干延长枝的上部约 30 cm 范围

几乎都是花芽，不利于延长头继续延伸，应从春梢饱满芽上方剪截，中部主干上的花芽也要疏除，以利萌芽成枝。

二年生树整形修剪技术要点小结

二年生树是树体架构形成的关键阶段，要着重在保证主干健壮延伸和促发主枝上下功夫。

（1）对较强的已发出二次枝的主干延长枝不要剪截，未发出二次枝的从春梢次饱满芽上方剪截，弱的延长枝从春梢饱满芽上方剪截；

（2）对主干延长枝形成竞争的枝条予以疏除；

（3）二年生主枝段上已形成中短果枝的，对其延长头从春秋梢交界处以上“戴活帽”剪截，未形成中短果枝的，甩放不剪；

（4）对主干和其下部形成抑制的对生、轮生和并生枝以及粗度超过主干粗度 1/3 的主枝予以疏除；

（5）剪除主枝上的背上枝和长侧枝，保持主枝单轴延伸；

（6）对二年生主枝腰角梢角上翘的，在春季树液流动后进行拉枝，拉枝时可对主枝采取转枝的办法，即左右侧翻转 90° 使枝条木质部有轻微撕裂，以促发中短枝；

（7）主干上在生长季节发出的新梢长到 30 cm 时持续进行开角作业；

（8）所有主枝延长头在长到 30 cm 时进行摘心作业，摘去顶梢三片嫩叶即可。

第五章 三年生树的整形修剪

第一节　理想的三年生树

一、理想三年生树的基本标准

在正常管理下，三年生树的高度应该在 3 m 左右，主枝数应该达到 20 个以上，树体中下部枝数基本达到目标要求，并有较多花芽形成，可以开始结果并有一定的产量。

二、整形修剪技术要点

（1）疏除中下部着生过于密集和粗度大于主干粗度 1/3 的主枝，调整主枝的合理空间分布；

（2）保证主干延长枝正常延伸超过 3 m 并有五六个分枝，为以后上部稳定充实后落头打好基础；

（3）对主枝二年生和三年生枝段以及一年生延长枝未成花的，在一年生枝春秋梢交界处以上“戴活帽”剪截，春梢段形成花芽的，在花前回缩；

（4）保持主枝单轴延伸；

（5）主枝角度小的继续拉枝开角。

重要提示：大枝长树，小枝结果。

修剪后的三年生果园如图 5–1 所示。

图 5–1　修剪后的三年生果园

第二节 三年生树的整形修剪

一、三年生树的整形修剪前后对照图解

（一）基本达到整形修剪目标的三年生树

1. 树形评价

图 5-2 是采用二年生富士品种大苗定植时抹了光杆（即剪除了所有粗度大于着生处主干直径 1/3 的主枝，主干其实已经是四年生了）后满三年的情形。可以看到主干比较强健，高度大约 3 m，分枝数有 20 个左右，基本达到三年生树的整形目标。这种树修剪起来比较简单，只需将个别尖削度大、小范围内主枝过多、靠近主干 30~40 cm 范围内光秃无短枝的主枝疏除即可。树的高度虽然接近预定高度，但上部分枝尚不丰满，还需要继续延伸。

2. 修剪建议

将顶部右侧较粗的斜生枝剪除，对较弱的主干延长枝进行短截，以促使主干继续延伸，分枝充实；右侧下部和中部两个主枝太粗且尖削度太大，抽生了很多侧枝，但中短结果枝很少，是典型的光棒枝，应坚决疏除，修剪后如图 5-3 所示。

特别提示：矮化苹果树修剪过程中，整形带范围内所有主枝在疏除时，不论粗或密，亦或是衰弱需要更新复壮，在剪除时都必须留桩！

（二）一侧保留了过强主枝的情形

1. 树形评价

图 5-4 的高度和分枝数量基本达到了目标要求。存在的问题是左侧中下部的两个主枝太粗了，抽生了大量徒长枝，几乎没有中短枝，是典型的光棒枝。

2. 修剪建议

这类枝必须留桩疏除，以利重新抽生新枝。留下来的主枝也要剪去其上的直立徒长枝和长侧枝，保持主枝单轴延伸，并对主枝延长头在春秋梢交界处以上“戴活帽”剪截。这棵树顶部显得长势较弱，要把右侧的同龄枝留桩剪除。主干高度尚不够，对延长头也要剪截，以利于继续延伸并抽生分枝，修剪后如图 5-5 所示。

图 5-2　修剪前

图 5-3　修剪后

图 5-4　修剪前

图 5-5　修剪后

（三）中部保留了较多大主枝的情形

1. 树形评价

图 5-6 是一棵瑞阳品种的树，在中下部不到 30 cm 范围内着生了太多较粗主枝的情形。这些主枝一则太拥挤，二则由于连年剪截，导致基部太粗，尖削度大。另外这棵树延长头分叉，上面抽生出了大量徒长枝，中、短果枝很少，而且高度也不够，主干延长枝也比较弱。

2. 修剪建议

应该疏掉几个较粗的重叠枝，剪除其余主枝上的长侧枝，保持主枝单轴延伸。主干延长头较弱，应该进行剪截促其继续延长生长，上部左侧这个竞争枝也要剪除。鉴于瑞阳品种的特性，对主枝一年生延长头未发出短枝的，可以在春秋梢交界处以上“戴活帽”剪截，促发中短枝，但不能在春梢饱满芽处剪截，以防抽生大量长枝，修剪后如图 5-7 所示。

图 5-6 修剪前

图 5-7 修剪后

（四）主干高度不够，顶部较弱的情形

1. 树形评价

图 5-8 这棵树的顶部较弱，主干高度也不够；左侧上部的枝有些粗，对主干延长头形成了抑制；右侧下部几个枝有些拥挤。这是一棵瑞阳品种的树，

因连续几年不合理地剪截，导致下部几个主枝尖削度大，基部光秃。

2. 修剪建议

修剪时应剪截主干延长头促其延伸；剪除顶部和右侧上部的竞争枝，右侧下部几个拥挤的主枝疏去较粗的一个，剪除主枝上的直立枝，延长头从春秋梢交界处“戴活帽”剪截，修剪后如图 5-9 所示。

图 5-8 修剪前

图 5-9 修剪后

（五）中下部保留了较粗主枝的情形

1. 树形评价

图 5-10 是一棵瑞阳品种的树。可以看出分枝数量还可以，但连年对主枝较重的剪截，造成主枝尖削度较大，其上发出较多直立枝和侧枝，未形成中、短结果枝。左侧中部和右侧中下部几个主枝也太粗。

2. 修剪建议

疏除三个较粗主枝，疏除留下的主枝上的直立徒长枝和侧生枝，保持单轴延伸，对一年生延长枝“戴活帽”剪截，长度达到株间相交的，从春秋梢交界处“戴帽”剪截。主干延长头稍弱，可从饱满芽处剪截以利继续延伸，修剪后如图 5-11 所示。

图 5-10　修剪前

图 5-11　修剪后

二、比较理想的三年生果园实例

图 5-12 是陕西渭北苹果主产区白水县一处占地面积只有 6 亩的农家果园。最初栽的是富士 /M26 自根砧苗子，株行距 1.2 m × 4 m，在长到三年已挂果的情况下，第四年春采用高接换头的办法全部换成了由西北农林科技大学赵政阳教授团队选育的优良新品种瑞雪和瑞香红，这是高接后第四年春季看到的情形。

图 5-12　三年生高接树冬季修剪后的果园

据园主介绍，这片果园高接当年主干高度近 2 m，发出了十几个分枝，这些分枝的顶花芽大部分成花，并且在主干上形成了多个短枝成花。到了第二年，大部分一年生中、长主枝的顶芽和短枝花芽开花结果，亩产将近 1 000 kg，特别是二年生枝上又形成多个中、短果枝，当年结果的果台副梢也大都形成了顶花芽。到第三年继续重复上年的生长状态，亩产量甚至可达到 2 500 kg。这里，主要就其整形修剪技术方面的做法及其树体反应作出图解。

（一）主干强壮挺直，尖削度小的情形

图 5-13 中的高接树本身基砧已经生长三年，根系大，吸收能力好，养分充足。所以嫁接新品种的第一年，主干就能长到 2 m，加之未剪截，主干强健挺直，尖削度也小，能发出十多个角度较开张、不太强旺的分枝，主干上也会发出多个短果枝。

图 5-13　主干挺直健壮，尖削度小的三年生高接树

（二）主枝数量多，粗度和尖削度小的情形

从图 5-14 中可以看出，这棵树上的分枝有近 30 个，这就使得树体养分分散，主枝生长势被削弱。关键是未对主枝进行短截，其尖削度接近 1，粗度

大多在 2 cm 以内，一般不超过主干粗度的 1/3，多数在 1/4 以上，容易成花，也不会对主干造成“卡脖”。

图 5–14　枝干比和尖削度理想的树况

（三）主干延长头和主枝甩放不剪的情形

未行剪截修剪的好处，一是主干挺直，发出的主枝不会强旺；二是这些小的主枝顶芽成花结果，结果当年的果台副梢又会形成花芽，其后的一年生枝上也会抽生出中、短果枝，连年结果能力强。从图 5–15 中可看到，这个枝是一个三年生枝，最初是一个短果枝结了果，果台副梢顶芽成花后第二年结果，其副梢顶芽和上年的副梢上又形成了几个中、短果枝。

由图 5–16 可以看出，上部主干上原先的短果枝都结了果，形成的副梢顶芽也大多形成了顶花芽，当年结果后，这段副梢上会继续萌发出中短果枝连续结果，这种状态是细长纺锤形和高纺锤形树形最理想的情形。上部主干上的短果枝也不用采取破芽剪的办法促发主枝。

图 5–15　不短截的主枝顶芽形成花芽

图 5–16　短果枝结果后的果台副梢继续成花结果

（四）枝条基角开张，长势中庸的情形

从每棵树的具体情况看，拉枝角度合理，基角在 90° 左右，梢角上翘，虽然负载较大，但一年生新梢大多都能长到 50 cm，就连果台副梢，也能抽生出 1~2 个，长度也在 40 cm 左右，树势整体上显得强而不旺，很少出现冒条现象（图 5-17 和图 5-18）。

重要提示：

（1）最重要的一点，不要教条地每年都对主干延长头和小主枝进行剪截修剪，除非主干延长头太弱；

（2）拉枝角度不要过大，把基角拉开大于 90° 即可，梢角上翘以保持主枝生长势；

（3）瑞雪、瑞香红幼树期以中长果枝结果为主，一年生主枝和果台副梢顶芽一旦结果，有利于其下部枝段形成中短果枝；

（4）砧穗接合部要露出地面，防止品种生根；

（5）以大换小，使主枝总量保持在 30 个左右，每年对粗度超过 2 cm 的主枝进行更新，可保持 25 个左右的主枝连续结果。

图 5-17　枝条角度开张，树势中庸，强而不旺

图 5-18　第三年结果

三年生树整形修剪技术要点小结

三年生树已进入初果期，树形架构已经基本建成，但树冠还未充实，主枝数量和结果单元也还不够，应继续抓好如下几方面的工作：

（1）三年生树一般高度在 3 m 以上，但主枝数量可能不够，树冠上部也不够充实，应该继续促发分枝，使树冠上部充实丰满；

（2）树冠中下部保留的粗度超过 2 cm 且光秃无中短枝的主枝应该疏除，以大换小；

（3）一年生以上主枝上形成中短枝结果的，长度一般也会超过 60 cm，对其延长头可以在春秋梢交界处“戴活帽”剪截，促使春梢段发枝成花，控制其继续延伸，株间相交地在瘪芽处回缩；

（4）保持主枝单轴延伸，疏除直立和侧生长枝，疏除时可采取留三个瘪芽剪截的方法；

（5）对一年生和多年生主枝角度不开张的，继续拉枝开角。

第六章
四年生树的整形修剪

第一节　理想的四年生树

一、理想的四年生树

（一）理想的四年生树的基本标准

（1）树高超过 3 m，顶部分枝呈横向生长并形成花芽结果，整体树冠丰满呈下宽上部略窄的细纺锤形，树势中庸不旺。

（2）分枝数达到 25 个左右，不分层，无光秃带；主枝角度开张在水平以下，尖削度小，呈单轴延伸；形成均匀的中、短果枝和小枝组。

（3）株间枝条相接，行间枝展 1 m 以内，保证机械作业通畅。

比较理想的四年生树如图 6–1 所示。

图 6–1　比较理想的四年生树

二、整形修剪技术要点

（1）主枝一年生延长头在春秋梢交界处“戴帽”剪截；

（2）主干延长枝在 3 m 左右的位置有横向小枝且已成花结果的，可以在小枝上部落头，小枝未成花结果的不要急于落头，否则这些小枝上会大量冒条；

（3）疏除粗度较大的光棒枝和过密枝，记得留桩；

（4）剪除主枝上的直立枝和分叉枝，保持主枝单轴延伸；

（5）对中下部多年生枝腰角、梢角不开张的，在春季萌芽后树液流动时拉枝开角；

（6）株间相交的主枝，成花结果的可“甩辫”回缩，未成花的在一年生枝上“戴帽“剪截回缩。

第二节　四年生树整形修剪

一、四年生树修剪前后对照图解

（一）树形基本建成，树高和主枝数已达目标的树

1. 树形评价

图 6-2 中这棵富士品种树的高度和主枝数已基本达到整形目标，主干也很健壮。但是此前已连续三年对主枝进行了剪截，造成三年生和四年生枝上中短枝和小的结果枝组较少，主枝的尖削度也显得大了些。从全树的花芽形成情况判断，还未达到应有的产量目标。

2. 修剪建议

（1）疏除所有主枝上的直立枝和分叉枝，保持单轴延伸。

（2）所有一年生主枝在春秋梢交界处以上留瘪芽打头，以促生短枝成花。右侧几个主枝的角度不开张，来年春季要拉枝。

（3）下部两个主枝着生的位置有些低，应进行疏除。

修剪后如图 6-3 所示。

（二）树形基本建成，树高和主枝数已达目标的树

1. 树形评价

图 6-4 中这棵树的高度和主枝数已基本达到树形要求。问题是中下部主枝连年剪截导致尖削度较大，中后部形成的结果单位较少，下部主枝形成了大的

侧枝分叉。

2. 修剪建议

（1）主枝延长头在春秋梢交界处以上留瘪芽“戴活帽”剪截，促使春梢段和二、三年生枝段上形成中短结果枝结果；

（2）疏除主枝上的直立枝和大侧枝，保持主枝单轴延伸；

（3）主干延长头缓放不剪，待稳定充实后落头。

修剪后如图 6–5 所示。

图 6–2　修剪前

图 6–3　修剪后

图 6–4　修剪前

图 6–5　修剪后

第三节　四年生树的局部修剪

一、主枝单轴延伸

“单轴延伸”是矮化树与乔化树很重要的区别之一。二十世纪，我国在乔化树上采用的主要树形如疏散分层形、开心形等，要在主枝上培养侧枝，在侧枝上再培养结果枝组结果。矮化树由于密度和树形的原因，各类枝的级次减少，主枝数量大幅增加，主枝上不再分生培养侧枝，而是直接培养结果枝和小枝组结果，主枝沿一个单一的轴线延伸，一个主枝就相当于乔化树的大结果枝组，树形变得简单而易于建造，这就是单轴延伸的意义。

图 6-6 中右侧下部的三个主枝就是连年在春梢上进行短截修剪，导致右侧的主枝尖削度大、基部粗度超过着生处主干粗度 1/2、徒长枝乱生、多头延伸、几乎没有中短果枝的情形。而左侧这几个枝则是比较理想的主枝，其上面已经形成了比较多的短果枝。图 6-7 是修剪后的情形，去掉了右侧两个大主枝，留下的主枝上的侧枝也都剪掉了，保持单轴延伸，有利于果树的生长发育。

还有一个经验，当站在一棵要修剪的树前面，除了主干以外，那些第一眼就能突出地看到，特别扎眼的主枝，一般都是粗度太大的光棒枝，是应该坚决疏除的！

图 6-6　修剪前

图 6-7　修剪后

二、主枝尖削度

所谓尖削度，是指主枝基部直径和顶部直径的比值。尖削度大，意味着主枝基部过粗，这种情况是对主枝延长头连年短截造成的。生产中把这种效益很差的主枝称为“光棒枝”（图 6–8）。由于基部粗壮光秃，营养生长过旺，易抽生出徒长枝而难以形成中、短果枝结果，还会对其他枝、芽的生长形成抑制。

图 6–8　只长枝不结果的光棒枝

图 6–8 左图的两个主枝就是连续二三年冬剪时进行了较重短截后在生长季节的表现。可以看到其基部的粗度比梢部的粗度大很多，所以靠近主干的部位出现光秃，几乎没有萌发短枝，像这样的光棒枝，应该在上年冬剪时就予以去除。

而像图 6–9 这样的二年生主枝就是连续缓放而未短截，且对枝条适时进行了拉枝处理后的萌芽情况。可以看到其基部粗度和梢部粗度差别不大，整个枝条形成了连续一串短枝。若连续二三年轻剪缓放，则枝条的尖削度就较小，也易形成短果枝和小结果枝组结果。

图 6–9　轻剪缓放的主枝大多会形成结果枝

尖削度是评价对主枝不同修剪方法造成结果的指标。对像富士这样的品种，要避免对主枝连年在春梢饱满芽上方剪截，这会显著推迟结果期，也不利于建构长势协调、生长结果平衡的个体树形。

第四节　四年生树顶部的修剪

正常情况下，四年生树的高度应该超过 3 m，主枝数和主干上的结果枝组数分别在 25 个（细纺锤形）和 35 个（高纺锤形）左右，树体骨架基本建成，树势健壮，主枝分布合理，枝势开张，树冠上部约 1 m 范围的主干上应发出 6~8 个健壮的一年生主枝，主干延长枝中庸健壮。这种情况下，当年修剪时，对二年生以上主枝延长头在春秋梢交界处“戴活帽”剪截，来年春季萌芽后开张角度；对主干延长头不要剪截，继续甩放，待其下部几个主枝形成花芽结果，顶部丰满稳定下来以后，选择在横向主枝上面落头。如果树体未达到预定高度，主枝数也不够，就要对势力较弱的主干延长头进行适当剪截，促使其继续延伸并抽生分枝。

由于果树个体差异，特别是人为不当的修剪措施，很多已投产果园会出现树体只建成了中下部 2/3 的骨架，而上部 1/3 的骨架未建成，势力很弱，这就导致了个体只有约 70% 的生产力，严重降低了果园整体产量，这个问题要引起重视。

一、树冠高度和分枝数达到预定目标的顶部处理

图 6-10 中这棵树是冬季修剪过的树，树冠高度已经达到预定高度，且上部约 1 m 范围内发出的一年生主枝数量已经足够。但是如果将主干延长枝剪截，将导致延长枝上继续抽生分枝，会削弱下部主枝的生长势。而这几个主枝稍显弱了些，若从春秋梢交界处“戴活帽”剪截，主枝和主干上也不要过多保留花果，顶部即可进一步充实。

二、主干上部较弱

图 6-11 的这两棵树的高度尚未达到目标要求，上部稍显弱了些，需要再延伸一段并发出几个分枝以充实树冠上部。从实地看，对主干延长枝在春梢末端半饱满芽处剪截，可以避免在剪口下抽生过强分枝，而春梢段

的饱满芽也会发出几个不太强且平斜生长的小枝，其下的一年生枝也可以得到充实。

修剪时对主干延长枝上的花芽应该疏除掉，上部几个较弱的主枝应剪去秋梢。在五月主干延长头剪口下新梢强弱可辨时，剪去剪口下第二个和第三个竞争枝，其他分枝用开角器开角。

图 6–10 树冠顶部比较理想

图 6–11 头部太弱

重要提示：树冠上部主枝拉枝开角时，角度不宜过大，拉平即可。否则，由于顶部距离根部较远，不利于获得营养，本身长势就受到影响，若拉枝角度大，会削弱树体上部长势而变得更弱，在树冠顶部未充实起来之前，尽量减少主干延长枝和上部主枝的挂果负载，也是基于这样的考虑。强调这个问题，是由于在实际生产中很多果园普遍存在树体上部主干延长头衰弱，主枝衰弱且数量不足，树冠顶部不充实等问题，给提高果园产量带来的影响被普遍忽视。

三、连续几年对主干延长头进行了剪截

图 6–12 这些树算是进入第五年的树了。在生长季节初期观察，能更好地

判断其修剪方法导致的结果。从现场情况可以看出，在前几年的修剪中，对这些树的主干延长头连续进行了较重剪截。这样一来，剪口下发出的三四个分枝会比较强，从而对主干延长头的正常生长形成抑制，虽然次年修剪时疏除了其中几个过粗过强的分枝，但留下的分枝由于位置优势，在第二年的长势仍会比主干延长头的长势强，进而对延长头的生长形成抑制而使之变弱，这就形成了图中这些树顶部普遍变弱的情况，大部分树体的高度也未达到理想目标。这样的修剪方法，还会造成主枝分层分布和主干光秃脱节现象，要予以重视。

图 6–12　顶部普遍较弱的果园

图 6–13 中这棵树是第二年和第三年连续两年对主干延长枝进行了剪截的 2 个剪口附近的情况。可以清晰地看出第二年的剪口附近有 5 个疏除分枝后留下的较大的两年生短桩，第三年修剪时的剪口附近有 3 个疏除分枝后留下的一年生短桩，这种剪截造成的剪口附近集中发枝和过多疏除主枝的做法会削弱延长头的生长，导致主干尖削度大，主枝分层，主干上形成光秃带。同时，较弱的主干也难以承载所需数量的主枝生长。就这棵树而言，上部主枝数量明显不足，主干延长头太弱，左侧的两个主枝太粗，应当立即予以留桩剪截，促使其抽生新枝，充实树冠顶部。

四、主干高度不够，延长头顶部较弱

图 6–14 中两棵树的高度尚未达到预定高度，顶部也弱。这种情况下，应立即对主干延长头在箭头所指位置进行剪截，以促发分枝丰满树冠。剪截类似左侧这棵树时，上部主干开花了的，要将花全部疏掉。否则，这些花一旦结果，不仅难以抽生理想的主枝，还会使树冠顶部进一步变弱。

图 6–13 连续两年对主干延长头进行了较重剪截

图 6–14 主干延长头太弱

五、主干延长头未剪截，只有顶部芽萌发，下部出现脱节

如图 6–15 所示，在树冠上部最高一个主枝着生位置已达到预定树冠高度的情况下，对主干延长枝甩放不剪截是正确的。但从实地看，这两棵树的高度离预定高度还有一定距离，需要继续分生几个主枝。

对像图 6–15 中这种比较弱的主干延长枝，在树冠未达到预定高度以前，需要适当剪截。尤其是像左侧这棵树上部分枝明显不足，一定要对主干延长枝在春秋梢交界处以下进行剪截，促使春梢段的芽萌发成枝。如果在冬剪时不好判断在何处剪截，可在春季萌芽以后进行复剪。剪截的位置可选在下部光秃带以上留一个已萌发的芽处。若这个芽已开花，则选在其下未萌发的芽上剪截。

图 6-15　太弱的主干延长头需要剪截

四年生树整形修剪技术要点小结

四年生树已经进入盛果初期了，在生长季节树的管理工作重点转向花果管理。树体管理主要是如下几个方面的工作：

（1）主枝数量不够的树，要继续采取措施促进主干发枝，充实树冠。特别是上部 1 m 左右的范围内一般会缺枝，要采取短截、消除“卡脖”等措施促使发枝。

（2）对树冠内膛发出直立徒长枝的树，要在五六月开始采取三芽剪的方法予以剪除，空间大的部位也可采取扭枝的方法使其下垂；对较强较密的侧枝可以疏除，也可以扭枝改变其生长势。

（3）多年生主枝角度不开张的树，要在树液流动后继续拉枝开角，对当年在主干上发出的需要保留的新梢，也要及时开角。

（4）冬剪时的重点是疏除前几年遗留下来的光棒枝、卡脖枝；对上部缺枝的主干延长头进行剪截，促使其继续发枝；枝数已足够的，延长头不用剪截，待上部主枝成花稳定后再落头；对株间相交的主枝予以回缩，对行向延伸过长的主枝延长头在春梢瘪芽处回缩；疏除主枝上的大侧枝，保持主枝单轴延伸。

第七章

五年生树的整形修剪

第一节 理想的五年生树

一、理想的五年生树的基本标准

理想的五年生树的结果情况如图 7–1 所示，基本标准如下：

（1）树高 3.0~3.2 m，树冠顶部已稳定，头已落在横向枝上；

（2）主枝数在 25 个左右（细纺锤形）和 35 个左右（高纺锤形），粗度小于主干粗度的 1/4（细纺锤形）和 1/5（高纺锤形），尖削度小，角度开张，呈单轴延伸；

（3）大部分两年生以上的主枝上形成中短果枝和小枝组成花结果；

（4）整体树势健壮，主枝上无直立旺长枝条，新梢生长量不少于 30 cm，树冠丰满充实。

图 7–1　五年生树的结果情况

二、整形修剪技术要点

五年生的树一般已结果两年以上，正常情况下树体已形成稳定理想的细纺锤形或高纺锤形树形，已进入盛果期，整形的任务基本完成。其后的修剪目标是维持树体健壮，不旺不衰，尽量延长盛果期年限。修剪的主要任务是对主枝长势的动态调控，具体如下：

（1）坚持将主干中下部前几年保留下来的光棒枝提早疏除。

（2）回缩过长主枝和结果后衰弱的主枝时要抬高剪口位置，可采取“甩辫子”或“戴活帽”等办法维持主枝生长势。

（3）适时调控主枝强弱。对苹果树来说，无论是乔化树还是矮化树，其对修剪的反应都是愈剪愈旺，愈放愈弱，旺枝长树，弱枝结果。所以，把握好“剪”与“放”的尺度，遵循“以大换小、去大留小、去强留弱”的原则调控主枝强弱（要注意：这里的弱不是指衰弱，而是相对于过强过旺的中庸状态），同时给予充足的肥水供应和合理负载，是维持树体长势中庸不衰，保证长期稳产高产的关键。

图 7–2　五年生瑞阳树的结果情况

现实生产中，往往存在由于栽植过深或过浅、前期整形修剪措施不当，导致出现树势整体过旺或过弱、下强上弱或上强下弱、主干较弱、保留过多粗大主枝或分枝数不足、存在尖削度大的光棒枝、主枝分叉等问题，需要在第五年及以后年份逐步纠正调整。图 7–2 是一棵五年生瑞阳树的结果情况，可以看出这些成串结果的主枝，粗度大部分都只有不到 2 cm。

第二节　五年生树的整形修剪实例

一、五年生树修剪前后对照图解

（一）中间砧入土过深，品种生根的情形

1. 树形评价

图 7–3 是一棵富士 /M26 中间砧的树，由于矮砧全部入土，品种生根，导致树势过旺，主枝太强，一年生直立徒长枝竟 1 m 以上，即使经过环割也未能让树势缓下来。加上一味长放，拉枝方法不规范，主枝内膛 50 cm 的范围

内基本没有多少中短果枝。

2. **修剪建议**

（1）分三年将树上大于主干 1/5 的大主枝采取以大换小的方法更新，每年疏除 3~5 个，将这批大枝换完，最终保持全树有 25 个粗度 2 cm 左右的主枝。

（2）疏除暂时保留的大主枝上的直立徒长枝，将多年生主枝从延长头春梢基部留几个瘪芽剪截，促内部二年生和三年生枝段发生中短果枝，待春季萌芽树液流动时将所有主枝拉至水平以下。

（3）秋末将树干基部刨开，切断品种生的根，露出矮化砧。

修剪后如图 7–4 所示。

图 7–3 修剪前

图 7–4 修剪后

（二）中间砧入土过深，品种生根的情形

1. **树形评价**

图 7–5 中这棵树是近年来由西北农林科技大学赵正阳教授团队以秦冠与富士做亲本选育的一个红色、晚熟、极丰产的新品种——瑞阳。一般来说，矮化瑞阳苹果树是最容易因其早果，丰产的特性而导致树势衰弱的，而这片园子的瑞阳树势却旺得难以控制，唯一原因是矮砧入土太深了。从主枝的尖削度看，前几年对主枝甩放未剪截，主枝梢部上翘，生长势较强，因一味甩放效果不佳，上年又对大部分主枝在春梢饱满芽处进行了剪截，从而导致整棵树出现大量直

立徒长枝。

2. 修剪建议

（1）先刨开树干基部的土，将埋在土里的矮化砧露出来，切断品种上发生的根，让树势尽快弱下来；

（2）拉枝平斜向下拉大于 90° 即可，不能只拉开基角和腰角，而梢角上翘，否则主枝的生长势就得不到抑制；

（3）对主枝不能一味甩放，在拉开角度的前提下，对多年生主枝从一年生延长枝基部留几个瘪芽剪截，促其内部萌发中短枝。

修剪后如图 7–6 所示。

图 7–5 修剪前

图 7–6 修剪后

（三）中间砧入土过深，下强上弱的情形

1. 树形评价

图 7–7 中这棵树不知为何换了头，也未对较弱的延长头进行剪截，导致延长枝下部光秃脱节，发出的枝也太弱。下部右侧后面和上面的三个枝太粗太强，对上部形成较强抑制。

2. 修剪建议

对右侧的三个大枝采取以大换小的方法留桩疏除；剪除主干延长头直立

枝，把头落在两个斜向生长的小枝上；疏除主枝上的直立徒长枝。最根本的措施是将矮化砧露出地面。修剪后如图 7–8 所示。

图 7–7　修剪前

图 7–8　修剪后

（四）中下部有太多粗大主枝的情形

1. 树形评价

图 7–9 中这棵树是典型的下强上弱的树，中下部已经形成了近 20 个比较粗壮的主枝，而上部 1 m 的范围内却只有几个羽毛状的小枝。这些粗度超过主枝粗度 1/2 的主枝，不仅对上部主枝的生长形成较强抑制，而且这些主枝在靠近主干 50 cm 左右的范围也是光秃的。

2. 修剪建议

首先去掉中下部较粗大的主枝和直立徒长枝，对甩放太长的主枝在 80 cm 左右处留侧向的小枝回缩，保持主枝单轴延伸；因主干延长枝太弱，故在有横向小枝的位置剪截。修剪后如图 7–10 所示。

重要提示：五年生以上树，其主枝粗度维持在其着生部位主干粗度的 1/5~1/4 是比较理想的状态。如果过粗，则要坚持逐年留桩疏除，以大换小，保持动态调整。

图 7–9　修剪前

图 7–10　修剪后

二、管理粗放的五年生树修剪前后对照图解

图 7–11 是一片五年生的富士 /M26 中间砧果园，由于面积较大，加之老板不懂技术，投入资金少，所以，有几年是处于粗放管理的状态。由图 7–11 可以看到，这些树保留的主枝数量太多。

造成这种现象的原因，首先应该是栽植时定干的位置较高、较轻或者未定干。可以看到树干以上约 1.2 m 的主干上竟然发出了 25 个以上的主枝。这可以认为是一种好的现象，即在定植较强壮的光杆苗时不定干，苗木的饱满芽大部分可以均匀萌发成不太强且平斜生长的主枝。但这些枝条不应全部保留，而应该在同侧间隔 25~30 cm 选留一个主枝，保证在 2.5 m 左右的主干上均匀分布 25 个左右不太强的小主枝，应该选择将较粗的疏除，即“去强留弱”。其次，前期主枝的基角打开了，但后来放任不管，又对主枝进行了不恰当的修剪，导致抽生出了大量徒长枝，树冠内膛光秃。最后，矮化砧入土过深，也是导致树体生长过旺而难以控制的主要因素。

图 7–11 主干下部主枝太多

（一）中部保留了过多主枝的情形

1. 树形评价

图 7–12 中这棵树总共有 30 多个主枝，仅中部主枝就有近 20 个，主枝太多。下部有两个主枝也太粗，要进行疏除。

2. 修剪建议

（1）先把砧穗接合部露出地面，解决品种树干上生根问题；

（2）两年内疏除较粗和过多的大枝分，最终在 2.5 m 左右的范围内保持 25 个粗度小于主干粗度 1/4 的主枝即可；

（3）疏除主枝上的直立徒长枝和分叉枝，主枝延长头从一年生枝春梢基部留几个瘪芽剪截回缩，保持主枝单轴延伸并将主枝腰部和梢部的角度拉开；

（4）对树体高度已经超过 3 m 的果树，应该在 3 m 左右处的横生小枝上落头。

修剪后如图 7–13 所示。

（二）树冠一侧保留了太多主枝的情形

1. 树形评价

图 7–14 中这棵树总体上来看还是比较健壮的，只是下部右侧的主枝较粗较多，显得有些拥挤。可以看出上年已经疏掉了三四个大枝，今年再疏除几个，有利于这棵树的生长发育。

2. 修剪建议

当年先疏除右侧三个大枝，留下的几个大枝在次年冬季修剪时疏除。大枝疏除后发出的一年生新梢也要在长到 30~40 cm 时开角、摘心。对富士品种二年生以上主枝上的延长枝不要一味长放，要在春梢基部留几个瘪芽进行剪截，以促使二年生枝段上萌生中短枝。上部也疏除掉三个较强的主枝，树形整体就协调多了。修剪后如图 7-15 所示。

图 7-12 修剪前

图 7-13 修剪后

图 7-14 修剪前

图 7-15 修剪后

（三）上、下强，中部空虚的情形

1. 树形评价

图 7–16 所示是前两年对主干剪截以后，对剪口下太多较粗大的主枝没有疏除，全部保留了下来，此后几年又粗放管理造成的。

2. 修剪建议

（1）对中下部的光棒枝分两年坚决疏除，犹豫只会拖延养成理想主枝和结果的时间；

（2）下面的两个主枝位置有些低，应不留桩疏除；

（3）上部六七个枝轮生“卡脖”，延长头太弱，其下部光秃部位的芽受抑制发不出枝，与延长头粗度接近的枝应全部疏除；

（4）主枝延长头应在春梢基部留几个瘪芽剪截，以促二年生以上枝段发出中短结果枝结果。

修剪后如图 7–17 所示。

图 7–16 修剪前

图 7–17 修剪后

（四）下部主枝轮生的情形

1. 树形评价

图 7–18 是下部多个粗大主枝“卡脖”，导致树体下强中上部弱，特别是中部主枝数不足。

2. 修剪建议

（1）分两年将下部大主枝采取以大换小的办法疏除更新；

（2）中上部个别较粗的主枝予以疏除，促使抽生小分枝；

（3）主干延长头太弱，要在饱满芽处剪截。

修剪后如图 7–19 所示。

图 7–18　修剪前

图 7–19　修剪后

第三节　进入盛果期后树体主要修剪方法

矮化苹果树一般第二年、第三年开始结果，第三年就会有一定经济产量，第四年、第五年即进入盛果期。进入盛果期的树体管理，即整形修剪的主要目标，就是保证树势强而不旺，中庸不衰，延长盛果期，持续高产稳产。采取的主要修剪方法就是对树体局部的调整处理。

一、主枝更新

（一）理想主枝的标准

正常情况下，四、五年生 M26 作基础的树，主干中部的粗度一般在 6~8 cm，能形成中短果枝结果的主枝粗度一般在 1.5~2.0 cm，即主枝粗度不超过主干粗度的 1/5 是最理想的。所以，从第四年开始，对主枝粗度的要求就不能再用一至三年生树“不大于主干粗度的 1/3”来控制，而应该控制在“不超过主干粗度的 1/5”以上才合理。

图 7–20 中这个主枝是四年生树上的三年生主枝，由于未对主枝进行过剪截，因此，其二、三年生枝段的粗细差别不大，粗度在 1 cm 左右，从基部约 10 cm 以上部位就形成了十几个短果枝和中、长果枝，甚至顶芽成花结果后的副梢又形成了花芽。

图 7–20　理想的三年生主枝

图 7–21 是四年生瑞香红的结果情况。从图中可以看出，这些挂果小主枝粗度大多在 1 cm 左右，只有主干粗度的 1/5。

图 7–21　四年生瑞香红树小主枝结果情况

图 7–22 是五年生瑞阳树的结果情况。可以看出这几棵树结果的主枝粗度大多在 1.5 cm 左右，不超过主干粗度的 1/5，而且尖削度小，保持单轴延伸，这样的状态应该是细纺锤形树形比较理想的主枝粗度和状态。

图 7-23 是一棵五年生富士树中下部的结果情况。可以看出这棵树的主枝粗度基本在 2 cm 以内，主枝数 30 个左右，挂果数超过 100 个，产量 30 kg 左右，亩产接近 3 000 kg。

图 7-22 五年生瑞阳树小主枝结果情况

图 7-23 五年生富士树中下部的结果情况

图 7-24 中的树左侧中上部这两个枝也是一个三年生枝，由于前两年没有剪截，所以尖削度很小，枝上形成了不少短果枝、中长果枝和小的结果枝组。而周围七八个主枝因连年在一年生春梢上剪截，导致二、三年生枝段加速加粗生长，基部粗度大多接近或超过 2 cm，超过主干粗度 1/3，基部 50 cm 左右光秃，没有形成结果部位。

图 7-25 中右侧上部这个枝也是一个三年生枝，由于一直甩放未剪截，枝条尖削度很小，其二、三年生枝段上均形成了短枝花芽，与其周围几个粗度接近或超过主干粗度 1/2 的主枝对比，显著说明了“大枝长柴，小枝结果”。

图 7-24 连年剪截的主枝形成不结果的光棒枝

图 7-25 主枝不同粗细成枝情况对比

观察发现，在四年生以上的树上，主枝基部二年生以上枝段的粗度在 2 cm 以下，尖削度接近 1，枝条角度在 90° 左右的情况下，大多是能够形成中、短果枝结果的最好状态，如果尖削度达到 1.5 以上的，基本就是没有结果能力的光棒枝了。

图 7–26 中左下侧这个主枝整体是一个四年生枝。由于连年短截，其四年生和三年生近 1 m 的枝段上未形成结果部位，从而加粗生长形成光棒枝，枝条的尖削度很大。

图 7–27 同样是由于连年剪截，主枝尖削度很大，主枝上未形成结果枝而抽生出了较多直立徒长枝，不得不年年剪除。这样的枝已经没有利用价值，应该早早留桩剪除。

图 7–26　连续剪截导致主枝成为光棒枝

图 7–27　连续短截导致背上枝丛生

（二）主枝更新疏除方法

按细长纺锤形整形标准，主干中部直径 8 cm 左右的四年生以上矮化树，其上的主枝数量应保持在 25 个以上，对其中粗度大于 2 cm 的光棒枝要采取逐年疏除的办法，每年疏掉 2~3 个最粗的加以更新。疏剪时要留好桩口，如图 7–28 所示，留桩长度 2 cm 左右即可。剪口上沿贴住主干呈马蹄形，这样利于剪口愈合。由于剪除了枝条上面的隐芽，上面不会抽生直立枝，下面的芽萌发后，发枝角度会自然开张。

目前，生产上有一种趋势，即留桩逐渐加长为 3~5 cm。这种长度的桩对直接在主干上培养结果枝组的高纺锤形来说是适宜的，但对细纺锤形树形来说则值得商榷。因为细纺锤形是要在主干上培养主枝，在主枝上培养结果枝组结果，其疏除更新的目的是发出一个主枝，而留桩过长，出枝过多，会导致营养分散，不利于主枝培养。

图 7–28　疏除大枝时留马蹄形的剪口

另一个值得重视的问题是，在树干上疏除主枝时，一定要紧贴树干剪除，不要留桩，这样利于剪口愈合。过去在乔化修剪中有一个说法，即“宁叫树受伤，不叫树背枪”，就是这个道理。而对主枝进行剪截修剪时，不论是在芽的上方还是在枝的上方，都不宜留太长的桩头，一般留 3 mm 左右即可。过长的剪口不易愈合，会形成干枯茬口，容易被腐烂病菌侵入。

（三）主枝回缩

（1）二年生以上主枝的一年生延长头，在株间未相交且后部未成花时，可在一年生枝春梢基部留几个瘪芽剪截，以促使二年生以上枝段抽生中短果枝。株间相交且后部已形成结果枝芽的，可在春梢基部瘪芽处或选一小枝“甩辫”回缩。

（2）对大枝更新疏除发出的一年生小枝要及时开张角度，不要剪截，以促其成花结果。

（3）尽可能保留着生花芽的小枝，保持主枝单轴延伸不分叉。如图 7–29

中的主枝，不仅粗度太大，而且分生出几个大侧枝，1 m 多的主枝上基本没有形成结果枝和小枝组，应该提早疏除，以促发小枝。

（4）先端低垂衰弱的主枝回缩要抬高梢部角度，这一点对易成花结果的品种尤其重要。回缩时要选择比主枝基部高的芽或枝的上方进行剪截，以保持主枝生长势，防止主枝快速衰弱。

图 7–29　分叉的主枝

二、枝组更新

（一）枝组的类型

枝组一般分为大、中、小三类（图 7–30）。

1. 小枝组

有生长点 10 个以下，长度在 30 cm 以下，具有 1~2 级分枝。

2. 中型枝组

有 10~20 个生长点，长度在 30~50 cm 之间，具有 2~3 级分枝。

3. 大型枝组

有 20 个以上生长点，长度在 50 cm 以上，具有 4 级以上分枝。矮化树的一个主枝就相当于一个大型结果枝组。

1. 小型枝组；2. 中型枝组；3. 大型枝组

图 7–30　枝组的类型

（二）枝组的培养

结果枝组的培养采取先放后缩（图 7–31）和先截后放（图 7–32）两种方法培养，在矮化苹果树上培养结果枝组多采用先放后缩法。

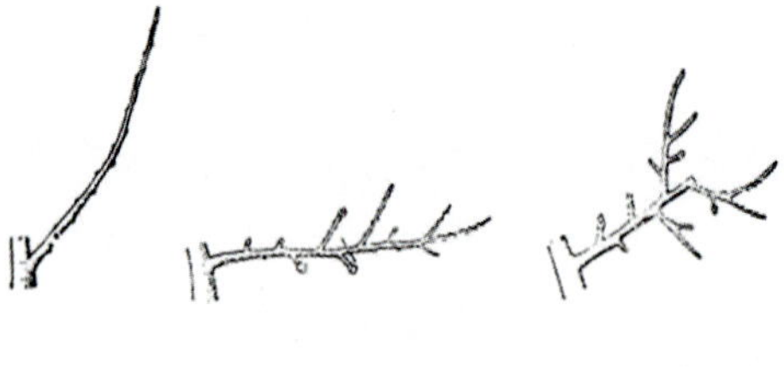

图 7–31 先放后缩法培养结果枝组

图 7–32 先截后放法培养结果枝组

（三）枝组的更新

细长纺锤形树主枝上主要培养的是小型结果枝组。在经过连续几年结果后，枝组的长度会加长，使其相互交错，甚至衰弱，此时就需要采取回缩的办法，在二级分枝上进行适当剪截回缩，以紧凑枝组，恢复枝组活力。

三、五年生以上树的顶部处理

（一）已落头的六年生树

1. 树形评价

图 7–33 是一棵高度基本达到要求的六年生树，其顶部落在了上年横向生长的两个主枝上面，主干上部基本稳定，树冠也基本扩展到位，只是主枝数尚不足，要注意培养。

2. 修剪建议

此后整形修剪的主要任务就是逐年更换过大的主枝，即“以大换小”；对主干上萌发的小主枝要注意保留培养，促其结果；主枝延伸到两棵树相交且后部已成花结果的，可予以回缩；对已衰弱的主枝适时回缩，更新复壮。

图 7–33 已落头的六年生树

（二）树体高达预定高度的顶部处理

1. 树形评价

图 7–34 中这棵树高大约 2.8 m，由于上年对主干延长头进行了较重的剪截，导致剪口下发出很多直立竞争枝。

2. 修剪建议

应疏掉顶部几个分枝，由于其下面左右各有一个二年生枝段上未成花结果，因此予以留桩疏除。留下三个较弱的分枝，在萌芽后把角度拉下来。修剪后如图 7–35 所示。

图 7–34　修剪前

图 7–35　修剪后

（三）已超过预定高度的主干顶部处理

1. 树形评价

图 7–36 中这棵树的顶部高度已超过预定高度 1 m，要逐步落头开心，最终把树的有效高度控制在 3 m 左右，保证顶部枝数足够，充实有效，可以承载应有的产量。

2. 修剪建议

从箭头所指部位剪截，并在春季把枝条的角度拉开到 90° 即可。修剪后如图 7–37 所示。

图 7-36 修剪前

图 7-37 修剪后

（四）未达预定高度的主干顶部处理

1. 树形评价

图 7-38 这棵树顶部光秃，只有主干上发出枝来才能达到预定高度，要采取措施促使这部分主干发枝。

2. 修剪建议

从图 7-38 这棵树的上部可以看出，在冬剪时剪除了上部右侧一个分枝，其剪口下部在当年应该可以发出几个分枝。待这些分枝长到两年且成花结果后，即可从这个剪口下选两三个横向生长的主枝，在其上部落头。

图 7-38 主干延长头剪截，促使下部发枝

五年生以上树体管理技术要点小结

五年生以上的树，树形已经建成了。所以此处的标题也将整形修剪改成了树体管理，这是一个根本性的转变，标志着树的整形任务已经完成，此后管理的主要目标任务要转向以花果管理为中心了。

树体管理的目标就是要在重点搞好花果管理的同时，做好树体的局部调整修剪。对过密主枝、过粗的光棒枝坚持进行逐年疏除，对衰弱主枝要及时采取抬高角度的修剪，对整体衰弱的主枝和枝组进行轮替更新修剪，保证树体持续具有结果能力，树体营养生长和生殖生长动态平衡，即长树和结果平衡，强健不衰，连年稳产高产。

参 考 文 献

[1] 陕西省果树研究所，中国粮油进出口总公司陕西分公司．苹果基地技术手册 [M]．西安：陕西科学技术出版社，1983.

[2] 吴光林．果树整形与修剪 [M]. 上海：上海科学技术出版社，1986.

[3] 杨维兴，朱强，魏慧雪．矮化苹果整形修剪图解 [M]．西安：陕西科学技术出版社，1993.

[4] H.B. 图基．矮化果树 [M]．北京：科学出版社，1978.